U0261747
疯狂科学2
第二版
MAD SCIENCE 2
[美]西奥多·格雷(Theodore Gray) 著
碧声 方琴 译
方琴 审校

人民邮电出版社

北京

图书在版编目（CIP）数据

疯狂科学. 2 / (美) 西奥多·格雷
(Theodore Gray) 著 ; 碧声, 方琴译. -- 2版. -- 北京:
人民邮电出版社, 2019.7（2024.6 重印）
ISBN 978-7-115-51027-3

Ⅰ. ①疯… Ⅱ. ①西… ②碧… ③方… Ⅲ. ①科学实
验－普及读物 Ⅳ. ①N33-49

中国版本图书馆CIP数据核字(2019)第056354号

◆ 著　　　[美]西奥多·格雷（Theodore Gray）
　译　　　碧　声　方　琴
　审　校　方　琴
　责任编辑　刘　朋
　责任印制　陈　犇

◆ 人民邮电出版社出版发行　　北京市丰台区成寿寺路 11 号
　邮编　100164　　电子邮件　315@ptpress.com.cn
　网址　http://www.ptpress.com.cn
　雅迪云印（天津）科技有限公司印刷

◆ 开本：889×1194　1/24
　印张：8　　　　2019 年 7 月第 2 版
　字数：288 千字　　2024 年 6 月天津第 8 次印刷

著作权合同登记号　图字：01-2013-2078 号

定价：68.00 元

读者服务热线：(010)81055410　印装质量热线：(010)81055316
反盗版热线：(010)81055315
广告经营许可证：京东市监广登字 20170147 号

内容提要

畅销科普图书作者西奥多·格雷是一名疯狂的业余化学家，在10多年的时间里一直为美国《大众科学》（*Popular Science*）杂志构想、尝试、拍摄和撰写各种新奇的科学实验，深受读者喜爱。在2009年和2013年，格雷以这些专栏文章为基础相继出版了《疯狂科学》和《疯狂科学2》，中文版分别于2011年和2013年出版。

本书延续了《疯狂科学》一书的风格，作者以其特有的方式为我们展现了近40个精彩的科学实验，如怎样制造发光二极管，如何从常见的胃药中提炼金属铋，如何把手安然无恙地伸进零下196摄氏度的液氮和零上260摄氏度的熔融焊料中，如何用汞制作固体小物体……通过这些让人脑洞大开的实验，你可以充分感受到作者对科学的痴迷和热爱。

在这次出版的新版图书中，作者对部分实验进行了完善并补充了一些新的实验内容，相信热爱化学或者科学的读者会喜欢上这本图书。

本书所涉及的许多实验和活动可能是危险的甚至会威胁生命。出版者声明不承担这本书中指示或描述的任何实验和活动所导致的任何损失、伤害和损伤的任何责任。在任何情况下，禁止所有18岁以下的孩子尝试本书中描述的任一实验或活动。

目 录

导　言

2002年美国《大众科学》杂志让我给他们撰写一个月度专栏时，我的第一反应是觉得他们糊涂了。让我写一篇文章或许可以，但尝试写定期专栏这种我从来没沾过边的东西，那会是很奇怪的。

在我给他们写完第二篇文章时，我算了一下要坚持多久才能积累足够多的专栏文章来凑齐一本书。我发现50篇专栏文章会比较合适，这意味着需要4~5年。于是我开始告诉别人说，我计划有规律地大约每5年出一本新书。切合实际从来不是我的强项。

不过，现在10年过去了。我儿子的身高跟我相差不到1厘米，我的大女儿刚满16岁，我的小孩子打算一到法律许可的时候就搬到法国去，我的第二本由《大众科学》专栏文章汇编而成的书完成了。生活是一段旅程，能在其中走得够久，久到可以看见一些疯狂的想法得以实现，而你本没有权利抱有这样的期待，这就是一种殊荣。

我不知道会不会有疯狂科学系列的第3本、第4本和第5本书，但迄今为止我已经两战两胜了。同时，我觉得你会喜欢这一本。拍摄子弹激发的剖面图照片，在我看来是我平生做过的最棒的事情之一。火鸡火球看上去几乎跟它发出的气味一样好。当然，还有咸肉热喷枪，它已成了一个经典演示实验，我甚至凭它上了一次潘恩与泰勒（Penn & Teller）的节目！（译注：Penn & Teller是一个美国双人魔术师组合，在舞台和电视节目上表演，一些内容涉及科普和揭穿骗局。）

如果你读过疯狂科学系列的第一本，就知道会有怎样的体验。请放心，这本书里的演示实验是全新的。除导言后面的安全说明部分外，两本书的内容没有重复。（为安全说明部分拍照相当危险，我实在不想再做一次类似的实验。要是我在为安全说明拍照的时候受了伤，那就太有讽刺意味了。）

请负责任地享受阅读，看得开心，5年后（或者下个月在杂志上）再见！

西奥多 · 格雷

2012年12月

真实的警告和律师强制避责的警告

当我用小苏打做实验时，要戴手套和安全眼镜的警告让我退缩。这叫作空喊“狼来了”，那是很不负责的，因为这使得人们更加无法判断什么是真正的危险。

所以，我不打算那么做。如果你愿意听，我就会告诉你真正的危险在哪里。

对于书中的有些实验，我会让我10岁的孩子自己去做（如果不是怕他会弄得史无前例地一团糟的话）。把冷的醋酸钠溶液倒入碗里时，你不会受到任何伤害，至少不会因为醋酸钠而受伤害，它实际上比食盐还安全。所以，除非你神经到把家里的盐锁起来或者戴副安全眼镜吃早餐，否则你不必对醋酸钠有所担忧。

然而，有些化学药品不是你的朋友。氯气会致命，而且致人死亡的过程很痛苦。将磷和氯酸盐混合起来的做法是错误的，因为混合的时候就会爆炸。（我的一个朋友在犯了那个特殊错误20年之后，至今仍保存着从他手中取出的玻璃碎片。）

每种化学药品、每个步骤、每个实验都有其特有的一系列危险，多年来人们通过惨痛的教训懂得了处理它们的正确方法。在很多情况下，最安全的方法是得到一个有经验的人的帮助。这不是仅靠书本学习就能做到的事情，这关乎你的生命。从你的角度考虑，你需要有人在你身边，他们知道你正在做什么事情。从第一个死里逃生的人开始有一个不间断的传承链，你将成为这个链条上的一环。

我在做一个看起来疯狂的实验的时候，要么有一个曾经做过这个实验的人在旁边，要么我曾经做过这个实验，只是会更加小心谨慎。我建立了安全等级，确认当所有措施都失败时，我还有条明确的逃生之路（当然，我全程都戴着安全眼镜）。

所以，我从来没有由于化学药品而受到严重的伤害并不是因为我的运气好。为你的安全着想，请不要靠运气!

你应该亲自尝试一下这些实验吗

“不要在家里做这些事，孩子！”这句话是警告还是邀请，取决于你的个性。我憎恨这句话，因为它让人相信自己不够聪明，不够有能力，或者不够执着地去做“专家”们做的事情，这无疑是在告诉你，你是无助的。

同时，我也很害怕有人偶然看到这本书后，因为我写的内容或没有写的警告而失去性命、被烧伤或失明。若去尝试有些实验，你确实是个傻子，实实在在的傻子。

为什么对你来说做这些事就是傻子，而对我而言就不是呢？因为你我具有不同的天赋、经验、朋友和设备，我只做我知道能安全地完成的事情。那些我认为自己无法安全地完成的事情不在这本书里，因为我没做过。

举个例子吧，我在一个视频中看到有些人会只穿件很轻便的飞行服就从悬崖上往下跳。他们飞冲下山，在离地咫尺之遥的地方，可能是在最后几秒才打开他们的降落伞。他们傻吗？实际上不是，虽然他们的方式近乎疯狂，但从事这项运动的人（很多失败了）实际上都很小心谨慎。他们开始时总是尝试尽可能地远离悬崖底部，直到厌倦为止。

本书中的有些实验属于这一类型：你可以慢慢地接近它们，同时从别人的错误中不断学习，最后可以安全地把握。它们不是初学者的实验，就如同穿轻便飞行服跳悬崖不是跳伞运动初学者的项目一样。

以下是我给出的一个很重要的启示：

这本书没有告诉你足够的信息，使得你可以安全地做全部实验！

对于有些实验，你应该能够根据本书里的说明并结合常识，再加上一些努力来安全地完成。但是在许多情况下，实验步骤不够详细，你不能够照着做。它们出现在这里主要是展示一个如何做实验的总则，你还需要大量的经验去填补中间的空白。

在确实想尝试任何实验前，在评估是否确实掌握了那些知识和所需的经验时，请对你自己保持诚实。你的安全取决于自己的态度，正如我的安全取决于我的知识一样。虽然跳崖看起来是件很有趣的事，但我绝不会马上就穿件轻便飞行服去跳。

如果你没有读过任何警告，就请读一下这句话：戴上安全眼镜！

几乎本书中的每一个实验都有可能致盲。你只有一双眼睛，它们相距得很近，一旦被溅入酸液，你就只好去买拐棍了。

我很幸运，因为我是个近视眼，在任何时候都戴着眼镜。如果你不近视，就需要去配一副好的、戴着舒服的安全眼镜。我说的不是便宜的、极差的那种，而是比较好的、不易有划痕、不易起雾的那种，在好一点的批发市场或五金店大约花10美元就可以买到。最好多买几副，以便你随时都能够找到一副，戴上它！看在我的面子上，请戴上眼镜，因为我真的不想接到某个孩子的母亲的信，说她的孩子再也看不见她了。

are only 10 types
people in the world:
who understand binary
those who don't.

致　　谢

尽管我很想作为一个天才，独自完成这些疯狂的实验，并享有因此获得的赞誉，但这本书是众多人士共同努力的结果。首先，我得感谢美国《大众科学》杂志的专栏编辑马克·詹诺、麦克·哈尼、道格·康托尔、特里沃·蒂米、戴夫·莫舍尔和本书的设计者马休·科克莱的巨大贡献。在专栏的最初写作、编辑和本书内容的整合过程中，如果没有他们的辛勤努力，我就只不过是一个在自己的博客里写文章、心绪不佳的疯狂科学家而已。

整件事尽心尽力的启动全仗马克·詹诺，他首先给我发电子邮件，问我是否愿意每月为《大众科学》杂志写专栏文章。看看我创建的关于元素周期表的网站，你觉得我会说“不”吗？马克确定了专栏的基调，并且耐心地训练我怎样把原本需要4000字的内容用400字写成。

几年来和我一起工作的杰出的摄影师应该分享本书的大部分荣誉，这本书比任何其他作品更像美丽的摄影作品。麦克·沃克的作品比其他人的多，他开始习惯于每个月为那些冒烟的、可能爆炸的事物摄影。杰夫·肖尔蒂诺、罗里·恩肖、查克·肖特维尔都是很好的工作伙伴，希望这些工作在他们的记忆中不是噩梦。尽管我没有机会和《大众科学》杂志的摄影师约翰·卡奈特一起工作，但他的建议和支持是很有帮助的。我的助手尼克·曼（原先受聘时作为我的助手，后来被提升了）录制了大部分实验的视频。

不少科学家为我提供了有价值的甚至可能救命的建议。这些人包括特里格维·埃米森以及他的同事蒂姆·布鲁姆列夫和舍温·古奇，特里格维给我出了为我的首篇专栏文章用液氮做冰激凌的主意。伊桑·柯伦斯、布莱克·费里斯、西蒙·菲尔德、伯特·希克曼、格特·迈尔斯、杰森·斯坦纳、巴萨姆·沙克哈希里、哈尔·索萨博夫斯基、尼克·尤尼斯也提供了有价值的建议。专栏的主意都出自以上人员以及查尔斯·卡尔森、尼尔斯·卡尔森和奥利弗·萨克斯。

我在《视觉之旅：神奇的化学元素》（已由人民邮电出版社翻译出版）的写作中得到了马克斯·惠特比的帮助，他堪称化学和摄影创意的资源库。我同时得把我的赞美送给斯蒂芬·沃尔夫拉姆，在我应该全职工作帮助沃尔夫勒姆研究公司（Wolfram Research Inc.）开发Mathematica®的时候，他没有经常大发雷霆。

我要感谢马库斯·魏恩，因为他找到了贝弗莉·马丁。马丁为我找到了经纪人詹姆斯·菲茨杰拉德。我感谢我的经纪人詹姆斯为我找到了出版公司Black Dog＆Leventhal。感谢编辑贝姬·科赫，即使她意识到一大帮人都认为他们能做她做的工作，但她仍然相信这本书会取得成功。

最后，我感谢简·比尔曼、尼娜·佩利以及我的孩子艾迪·格雷、康纳·格雷和艾玛·格雷和我一起出谋策划，并且在一些实验中帮助了我（我要保证我的权威，仅仅当他们是完全安全的时候）。

第1章

展现光明

光的秘密

我们早就见过发光二极管，却未必知道它为什么发光。

发光二极管(LED)最早于1962年上市，你可以买到你想要的任何型号，但是那个时候LED只能发出暗淡的红光。绿光、黄光和橙光LED随后出现，而蓝光LED直到1989年才进入市场。因此，以下事实可能会让你感到惊讶：1907年问世的第一批LED中有蓝光LED，而且是用砂纸做的。

当然，严格地说它不是用砂纸做的，而是用与许多砂纸相同的原料——合成碳化硅做的。用两根针接触碳化硅晶体，通上电，有时能看到非常暗淡的彩色光芒。碳化硅是一种半导体，与针一起形成二极管（使电流只朝一个方向流动的器件），所以这实实在在就是一只LED。

无线电先驱亨利·约瑟夫·朗德于1907年注意到这种光芒，他发表了一篇短文问谁曾见过这种现象并能给出解释，但没人知道。

半导体的量子力学模型使工程师小尼克·霍洛尼亚克得以设计出具有合适的电特性的LED，从而发出有实用价值的光，这时才促生了第一种在商业上有实用价值的LED。

科学中充满了人们能亲眼看到但直到今天也无法给出满意解释的东西。例如，指南针的针总是指向北方。你也许知道这是由于地球磁场大致沿地球自转轴的方向分布，但地球为什么有磁场，它为什么指向北方，没人知道。我们能观察它、描述它、测量它，却无法解释它。

蓝光特效

一节9伏电池使碳化硅晶体发出一点点微弱的蓝色光芒。这不是电火花现象，而是驱动着所有LED的那种电致发光效应。

“科学中充满了人们能亲眼看到但直到今天也无法给出满意解释的东西。”

如何制造蓝光LED

让碳化硅晶体发出肉眼可见的光芒不算特别困难，但非常费事。我用两根针在晶体上的不同位置反复尝试，最后也只能让它发出一点点光，勉强能看见。eBay上有很多碳化硅晶体出售，我试了其中的几种，没发现哪一种表现得特别突出。为了把针固定住，我用了一种辅助定位装置（从Radio Shack上可以买到），它有两个鳄鱼夹，装在可调节的底座上。电池开始发热时，我才发现应该用胶带使针和鳄鱼夹绝缘，不然定位装置会造成短路！

水晶之光

像图中这样的大块碳化硅晶体（eBay上偶尔有售）是在高炉中生长出来的，由炉壁材料中的硅和燃煤中的碳化合形成。

古老的火焰

碳化钙反应可以使房间里充满光亮，或者充满噪声。

用自己制造的光亮击退黑暗是人类最早、最伟大的成就之一。人们发现日落不再意味着黑暗和恐惧时会是何等激动啊！自点燃第一堆篝火以来，我们已经走过了漫长的历程，但技术超越最先进类型的明火灯还是不久以前的事。作为便携光源，发光二极管手电筒比矿用电石灯更好用，后者从 20 世纪初开始就因明亮、轻便、稳定而成为标准矿灯。

电石灯上层的罐子里装满水，下层装满像石头一样的碳化钙（CaC_2）（译注：即电石）。在阀门的调节下，水以恒定速度滴到碳化钙上。水与碳化钙发生反应产生乙炔气体，乙炔被引向一个位于抛物面反射镜上的喷嘴，由人工点燃。燃烧的乙炔非常明亮，洞穴探险者只要用一点水、一袋看着像普通石头的东西，就能让灯亮好几天。

乙炔与空气混合点燃时还会发出很大的响声，正是这种效果让小时候的我对一种玩具加农炮十分着迷。这种加农炮用“爆响”（玩具制造商给碳化钙起的名字）当火药，采用后膛装填的方式把火药倒进固定的水箱里，用撞针和燧石把气体点燃。

小时候我没得到过这种玩具。我为了写《大众科学》的专栏弄来了一个，拿给爸爸看时，他说他也一直想要一个！孩子们，听好了：当你缠着父母买什么又吵又危险的玩具时，要想办法让他们把这当成一个实现自己童年愿望的机会！

“矿用电石灯更像喷灯而非蜡烛，它的火焰几乎不会熄灭。”

电石灯

电石灯从20世纪初开始就因明亮、轻便、稳定而成为标准矿灯。

如何用碳化钙点火

碳化钙“爆响”炮以及用来点炮的电石颗粒在eBay上有售。它们的效果非常好，不过一定要做好听力保护，而且绝对不要把炮筒堵上或者用它来发射炮弹。问题不在于炮弹会造成什么损害，而是因为这些玩意儿的炮筒不够牢固，除非一头开口，否则根本承受不起爆炸的力量。要是炮筒炸了，你就有麻烦了。

块状的碳化钙也能从eBay上买到，只需放在一杯水里或一块冰上，就能产生可点燃的乙炔，我就是这么做的。只要你有足够多的碳化钙来产生稳定的气流，就能让火焰一直燃烧。把这些气体收集起来可不是好主意：乙炔太容易爆炸，会把事情搞砸。

另外，古董矿用电石灯也很容易从eBay上买到，但我不赞成你去买。我有几盏这样的灯，它们用来混合水和电石的罐子全都有密封问题，结果是灯身上喷火，灯嘴那里反而没有。由于乙炔是持续缓慢产生的，不会储存在罐子里，所以一般不会造成严重后果，但还是很吓人。在点燃这种灯之前，一定要仔细重新密封。

爆响

“爆响”玩具炮发射时使乙炔气体与空气混合，发出很响的声音。

真实的危险警告

从网上买来的老旧电石灯或“爆响”玩具炮的密封问题会使乙炔逸出，导致不该着火的地方出现火焰。另外，玩具炮如果使用不当，会损害听力。

火与冰

冰块上的碳化钙能产生足够的乙炔，使火焰持续燃烧，直到冰块完全融化。

第2章

实用的知识

致命的吸引力

磁铁不必很大就能产生致命的力量。

以前，磁铁没什么可怕。长期以来用于贴在冰箱上的小小陶瓷贴只有压住一张纸的力量，而如今同样大小的磁铁足以杀死你。

物质里的每个电子都在自旋，会在其周围产生一个小小的磁场。在正常情况下，这些电子自旋的方向是随机的，磁力互相抵消。但在永磁铁里，有些电子被锁定成直线排列，在总体上形成一个磁场。锁定得越牢，磁力就越强。

钕铁硼强磁铁广泛应用于从珠宝到发动机等多个领域。随着新型合金和加工方法的使用，磁铁的吸引力越来越强，达到了很小的磁铁也会很危险的地步。如果你先后吞下两块磁铁，它们就会互相吸引，可能穿透肠壁，造成致命的感染。

大一些的磁铁，就像我在这个演示实验中用的那些 5 厘米 × 5 厘米 ×2.5 厘米的“怪物”，即便是从一个房间拿到另一个房间时也需要极其小心。如果让一块磁铁过于靠近钢制门框，它可能会夹破你的手。我所用的两块磁铁以约 2300 牛的力量互相吸引。

“两块钕铁硼磁铁以约 2300 牛的力量互相吸引。”

自制番茄酱

这两块磁铁并没有直接撞到一起——番茄稍微阻碍了它们一会儿。但它们互相靠得越近，吸力就越强，一旦彼此相距不足1.25厘米，番茄立刻就会被夹烂。事后把两块磁铁分开时需要用到无磁性的橇杆。

被夹烂的番茄

高速摄像机拍下了这“鲜血淋漓”的场景。

不过，钕铁硼磁铁确实有一个弱点：加热到 79 摄氏度以上，电子自旋的方向就不再相同了，从而永久消除了磁性。如果有两块这样的磁铁夹在你的手指上，你可以把手在沸水里放几分钟。不过，首先还是找一根橇杆吧。

如何用磁铁夹烂番茄

买到大型超强磁铁很容易，这多少有些让人惊恐。我的建议是：别买。就算是很小的磁铁也可能对你造成伤害，像我用的那么大的磁铁是非常危险的。实际上我正在考虑把我的磁铁加热，从而破坏其磁性，原因就是把它们放在身边太可怕了。

为了做这个演示实验，我要让两头这样的“怪兽”互相冲撞，再把它们分开：当吸引力超过 2300 牛时，这可不是一件容易的事。我用 5 厘米 ×7.6 厘米的厚壁铝制方管（没有磁性）做了一个非常牢固的框架（像相框那样），然后给每块磁铁做了一个铝笼子，每个笼子上装两根带螺纹的不锈钢棒（没有磁性）。一根钢棒固定在框架的一边，另一根穿过框架另一边上的一个稍大的孔，使第二块装在笼中的磁铁能上下滑动。第二根钢棒外侧装有螺帽和垫圈，使我能在磁铁相撞后拉动钢棒，用一根（没有磁性的）铜橇杆来橇动磁铁。（顺便说一下，如果你像我一样需要在伦敦买一根铜橇杆，那么我要祝你好运。在美国找这类东西要容易得多，那里有

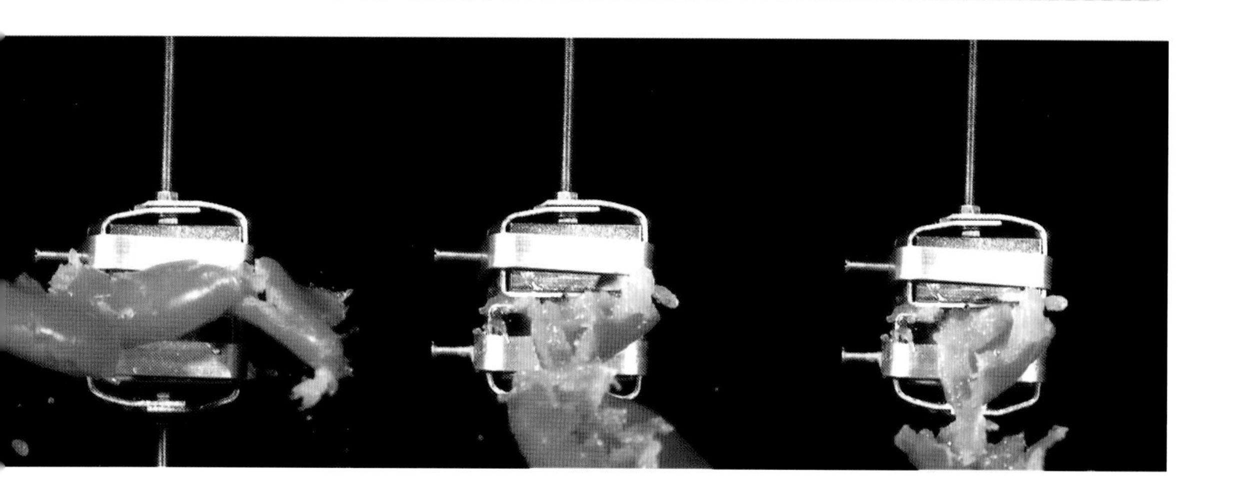

货源充足的五金店。)

客观地说，铝笼子使磁铁相距得足够远，分开它们所需的力量可能更接近 900 牛而不是 2300 牛，但要把它们分开来进行下一次拍摄，还是非常费劲的。我在准备实验装置时，总是在磁铁周围放上几厘米厚的泡沫塑料。你可能会问，泡沫塑料够结实吗？够的，因为只有磁铁互相靠得很近时，磁力才会很强。隔开 15 厘米时，它们的吸引力足以把它们相互吸在一起，但分开并不费力。

我们用每秒 1200 帧的高速摄影机记录下了实验过程，考虑到磁铁相撞的速度是多么快以及力量是多么大，这绝对是有必要的。那天番茄溅得到处都是。猕猴桃、香蕉和葡萄，以及从东阿克顿（译注：伦敦西部的一个区域）街边商贩那里能买到的所有其他种类的水果都可以用于此实验，不过番茄是我的首选，因为它被夹烂的样子太像鲜血和内脏了。(是的，番茄是水果，不信的话去查查。)

真实的危险警告

强力钕铁硼磁铁不是玩具，即使很小的磁铁也能把人的手指夹烂。还有，千万不要真的把被磁铁夹住的手指泡在沸水里来使磁铁消磁。

难以忍受的热

对百丽耐热玻璃的一项改变有着影响深远、未曾预料的效果。

大多数人可能不会把康宁公司（译注：美国的一家特殊玻璃和陶瓷材料生产厂商）当成一家反犯罪企业，但它在1998年把百丽（Pyrex）耐热玻璃品牌卖给美国康宁餐具公司时，意外地让非法制造快克可卡因（译注：精炼可卡因的一种，纯度较高）变得更困难——这是意外收获的一个绝佳例证。

如果受热太快，普通玻璃就会破裂。往普通的无色平底玻璃杯里倒开水，几秒钟后它可能就会碎裂。内层的玻璃受热膨胀，对温度较低的外层玻璃形成应力。当应力足够大时，杯子就裂了。

百丽耐热玻璃（最初都是硼硅酸盐玻璃）通过往玻璃的主要原料——硅酸盐（石英）里添加硼解决了这个问题。硼改变了玻璃的结构，使玻璃的体积基本上不随温度而改变。受热几乎不会膨胀意味着几乎不产生应力。这类硼硅酸盐玻璃能够耐热并不是因为它们更结实，而是因为它们没必要造得那么结实。

美国康宁餐具公司接手百丽品牌后，开始用预应力碱石灰玻璃而不是硼硅酸盐来制造更多产品。经过预应力处理（即热处理）后，玻璃表面受到玻璃内部力量的压迫。它比硼硅酸盐玻璃更结实，但受热时依然会像普通玻璃那样膨胀。它不会马上碎裂，因为膨胀实际上可以释放一些内在的应力，但也只能支撑到一定程度。

如果用百丽耐热玻璃制造快克可卡因，那么当快克可卡因从粉末形态转换而来时，盛水的容器就会经历急剧的温度变化。这个过程产生的压力将超过碱石灰玻璃能够承受的限度，结果整个地下产业不得不从使用从沃尔玛购买的量杯转向使用从实验室里偷来的试管和烧杯。这说明，如果你以为你清楚自己今天的决策可能带来的所有后果，那么你就可能错了。

惊爆

如今百丽耐热量杯用碱石灰玻璃制造，所以它在温度剧烈变化时会爆炸。

“硼改变了玻璃的结构，使玻璃的体积基本上不随温度而改变。”

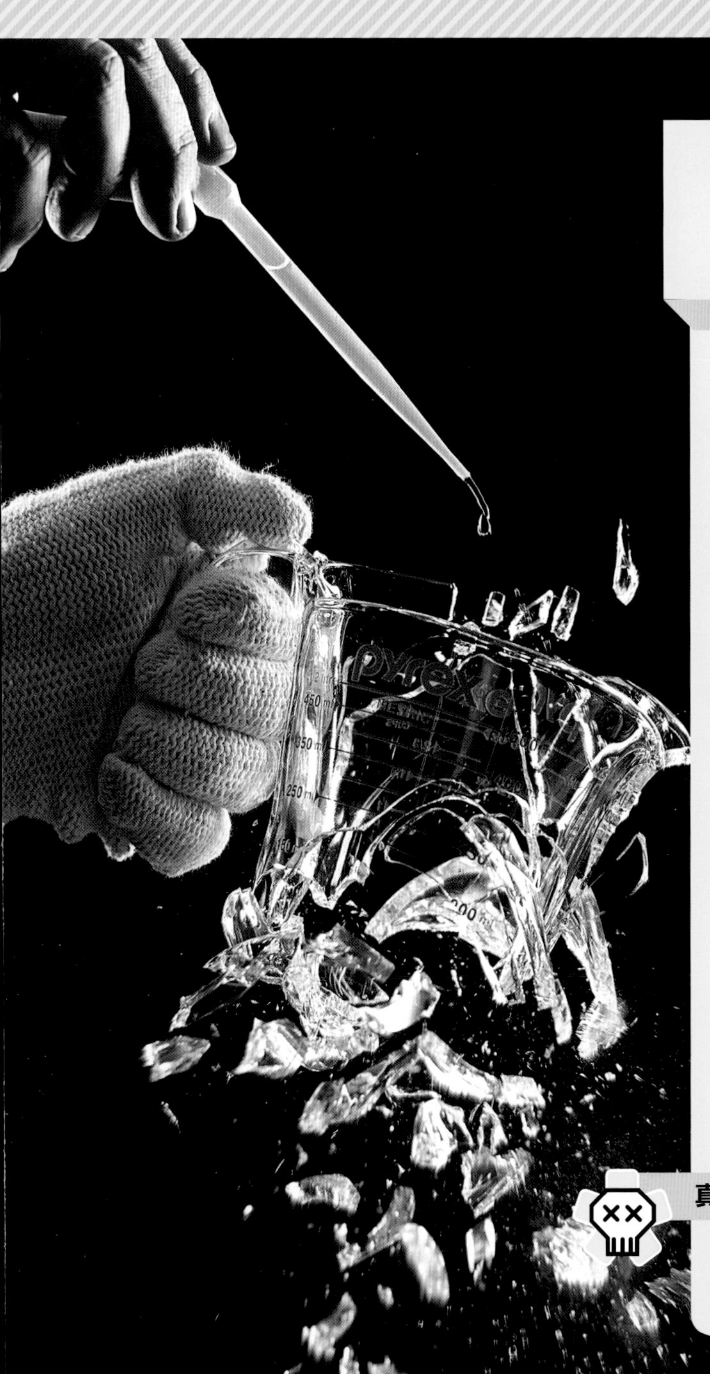

如何通过加热让玻璃杯碎裂

不是所有的量杯都能用来做这个实验，因为有些量杯仍然是用真正的硼硅酸盐玻璃做的，而硼硅酸盐玻璃受热并不会碎裂。商标为小写字母 pyrex 的杯子应该都可以正常碎裂。要达到这种效果，量杯要用焊枪加热 20~30 秒之久，然后它肯定就会在一滴水落在上面时碎裂。

我们利用声音触发快门的方式在杯子碎裂后几分之一秒时捕捉到了这个画面，碎裂发生得太突然，让人来不及反应。事实表明，量杯碎裂的方式多种多样，有时碎成几大块，有时碎成很多小块，这意味着热处理的质量控制做得很不好。如果热处理得当，每个量杯都应该碎成很多小块。

真实的危险警告

自己不要试着做这个演示实验。所有的玻璃在经受剧烈的温度变化时都可能碎裂，包括消费品级别的百丽玻璃制品，它们承受热冲击的能力很差。

转瞬即逝的钻石

钻石，不过是昙花一现。

我受不了钻石。真的，这玩意儿太让人恼火，因为有关它的说法几乎都是谎言。钻石既不稀有，也非天生珍贵，更没有独特的浪漫意义。这些都是钻石产业创造出来的概念。而且，虽然广告说钻石恒久远，可其实不是这样。它们可燃，只要一簇小小的火焰帮忙，它们就会亮闪闪地燃烧起来。考虑到它们的成分是纯碳，这太容易理解了，碳与氧发生反应生成二氧化碳（“与氧反应”就是“燃烧”的另一种说法。）

钻石有一个货真价实的特性让它闻名：它仍然是最硬的物质。但是，尽管钻石很硬，它内部将碳原子结合在一起的化学键实际上比另一种普通形式的纯碳——石墨要弱。区别在于，钻石内部的化学键组成不可活动的三维晶格，而石墨中的碳原子紧密结合成片层。这些层与层之间很容易滑动，这使得石墨柔滑。

氧攻击并烧毁一种物质有多容易，起决定作用的力量是化学键的强度，而不是物质硬度。这使我可以用放在石墨上的一小摊液氧来烧掉钻石。

如果你的房子连同里面的家传珠宝一起被烧光了，你可以把熔化的黄金收集起来，但钻石已经变成一缕二氧化碳跑掉了。比钻石便宜但更漂亮的石头（比如立方氧化锆和人工合成的红宝石、蓝宝石）是用难熔的金属氧化物做成的，可以经受同等强度的温度的考验。所以，商场里卖的廉价小饰品才是恒久远的，而钻石不是。

“钻石既不稀有，也非天生珍贵，更没有独特的浪漫意义。

这些都是钻石产业创造出来的概念。”

疯狂的钻石闪闪亮
在用石墨盛放的一小摊液氧里，一块钻石正在燃烧。

如何把钻石烧掉

把钻石烧掉有几种不同的方法，我用了液氧，这是因为最后这样拍照的效果最好，不过焊枪的氧气瓶也很好用。用炽热的火焰（氢或乙炔都可以）点燃钻石，然后将柔和的纯氧气流喷射到钻石上，让它保持燃烧。你得很小心，不要喷射得太用力，不然钻石会飞走，把周围的东西点燃。

我费了一番工夫才弄明白用什么东西装液氧和钻石可以拍出好的照片。我试着用试管，但液氧的低温会让它起雾。最后我在一段方形石墨（eBay 上有售）的一端挖了一个小坑，做了一个小小的坩埚。你可能觉得液氧在接触温暖的石墨后会立即蒸发，但实际上，受莱顿弗罗斯特效应（见第 84 页）的影响，它会浮在一层隔热的气垫上。

小朋友们，在你打算烧掉奶奶的结婚钻戒之前，别忘了一定要问问父母的意见。

廉价石头
《大众科学》杂志精打细算的会计只让我燃烧低品质的“刚果钻”和半透明钻石，这些东西在eBay上有售，价格从50美元到300美元不等。图上这个漂亮的钻戒实际上是从沃尔玛花8美元买来的立方氧化锆（又称锆石）戒指。

真实的危险警告

不要在家里做这种实验，因为钻石加热后会剧烈燃烧。（钻石子弹毁掉了我们的一个昂贵的相机镜头，它可以轻而易举地把人的眼睛打瞎。）

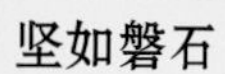

坚如磐石

烧掉了一块真钻石的氢氧焰轻而易举地把这个廉价的戒指熔成了一摊金属，但锆石保持不变。这种神奇的材料几乎与钻石一样硬，同样漂亮，但更耐久。

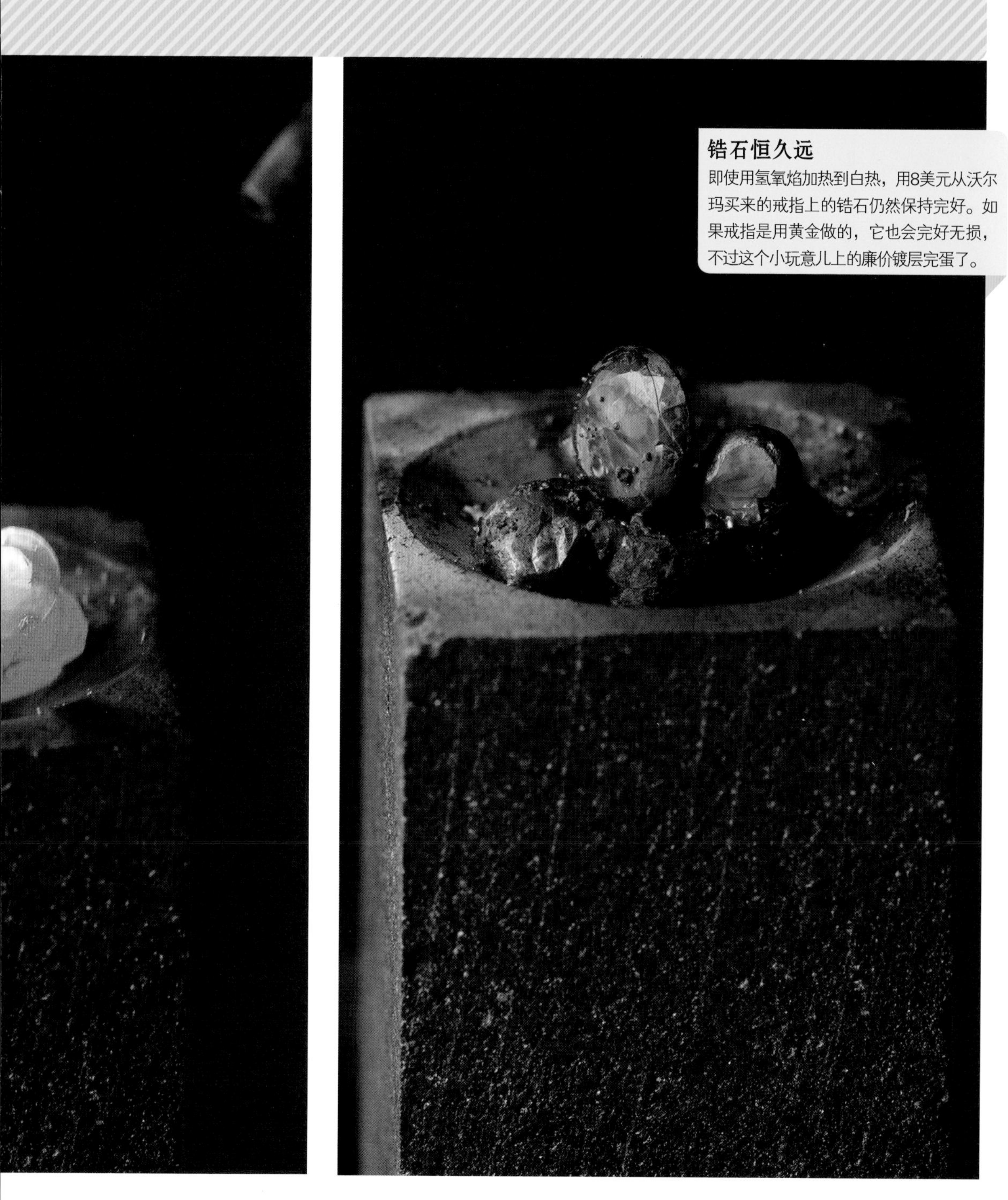

锆石恒久远

即使用氢氧焰加热到白热，用8美元从沃尔玛买来的戒指上的锆石仍然保持完好。如果戒指是用黄金做的，它也会完好无损，不过这个小玩意儿上的廉价镀层完蛋了。

火花游戏

了解制造火花雨的元素配方。

金属可以按硬度、延展性和导电性分类，但有一个特性是参考书里没有提到的，即火花性。

可燃性与硬度之间的微妙平衡决定了哪些金属会发出火花。例如，镁是著名的可燃金属，但打磨镁并不会产生火花，因为从这种柔软金属上切下碎片所需的能量不足以把它们加热到其燃点。

虽然铁的可燃性要差得多，但它非常硬，以至于从它的上面切下碎片时会把碎片加热到燃点，使它们在飞散的时候点着、燃烧，发出明亮的光。不过，最擅长发出火花的是镧系金属——从镧（第 57 号元素）到镥（第 71 号元素）。它们比镁还易燃，而硬度又足够高，打磨时能产生大量的热。

打火机上的“火石”并不是用火石做的，而是镧系金属的混合物，其中加了一些铁以避免产生过多的火花。如果没有铁，就会达到火花性的顶峰。混合稀土金属（Mischmetal，德语，意为“混合金属”）含有镧、铈以及少量的其他镧系金属，这样的金属块常用于制作电影特效。例如，汽车爆胎后用钢圈滑行时，需要一串火花从车轮上飞出，人们就会在车轮上贴一块混合稀土金属来制造绚烂的效果。

具有讽刺意味的是，现代的铝制车轮并不会发出火花，所以这种情景只能在好莱坞的电影里看到了。

炽热的火花雨
用砂轮打磨混合稀土金属（不同元素的混合物），就会产生大量的火花。

“可燃性与硬度之间的微妙平衡决定了哪些金属会发出火花。”

让火花飞

这个野营点火器基本上就是一块巨大的火石（事实上是混合稀土金属）。用内置刮刃或者锉刀就可以随时制造出大量火花。

如何用混合稀土金属块制造火花

混合稀土金属块有时可以从 eBay 或 unitednuclear 的网站上买到。如果在这些网站上找不到，本地的特效设备供应商那里也许有。用这样的金属块制造火花再简单不过了，只要用力用磨石磨、用锉刀锉或者用砂纸打磨即可。记住，磨的时候一定要戴上保护眼睛的装备。

为了拍出汽车后面拖着这么一团火花的照片，我做了一个巧妙的铰链装置，将它挂在汽车的拖车钩上正合适。我可以通过一根连在驾驶座上的绳子提起或放下铰链上的一块混合稀土金属，这样就能一边开车一边随时开始或停止制造火花。

在开车回家的路上，我一直让金属块悬挂着，可是当我发现总有车紧跟着自己时，实在很难克制住把它放下去的想法，因为我马上就意识到，这是利用这种东西最刺激也是最好的方式：把跟在后面的家伙吓得屁滚尿流。

跟车者注意

我拖着一块混合稀土金属在路上跑，把我的厢式小货车变成了一个会喷火的可怕家伙。

轮子上的地狱

在自行车的后轮上装一圈砂纸和一块混合稀土金属就能制造出飞溅的火花。哪个孩子不想要一个？

甜蜜的科学

一杯速溶酷爱饮料需要237毫升水和多得惊人的创新。

说到技术，你可能会想到诸如计算机、喷气式发动机之类的东西。但还有很多伟大的工程学成就同样复杂，只是不那么一目了然。速溶酷爱饮料（Kool-Aid）（译注：美国卡夫公司生产的一种饮料片）就是一个例子。

要制造出一种能够马上把一杯水变成水果味饮料的饮料片，有两个关键问题。第一是找到一种方法能把里面的成分扩散开来，不必迫使不耐烦的顾客去搅动它。解决方法是碳酸氢钠和柠檬酸，它们的混合物最出名的地方大概是让“我可舒适泡腾片”（Alka-Seltzer）（译注：德国拜耳公司生产的一种泡腾片，遇水会冒出大量气泡，迅速溶解）在水里嗞嗞冒泡。这些物质与水发生反应产生二氧化碳气体，使药片溶解，将其成分扩散出去，剩下的只有一点点柠檬酸钠，这是一种柑橘类水果中常见的无害物质。

第二个问题——让饮料足够甜——要难一些，用普通的糖的话，所需的量要比一粒小药片能包含的多得多。这个问题在1879年化学家康斯坦丁·法尔贝里发现第一种超级人工甜味剂——糖精时部分得到解决。速溶酷爱饮料（由卡夫公司于2011年以Kool-Aid Fun Fizz的品名推出）含有一种发明得更晚的甜味剂——阿斯巴甜，它更广为人知的名字是纽特健康糖（NutraSweet）。阿斯巴甜比同等重量的蔗糖甜200倍，代表着极高的化学工程技术水平。一位化学家在将多肽合成蛋白质试图发明新药治疗溃疡时发现了它。制作237毫升酷爱饮料所需的甜味只需要一小撮阿斯巴甜就可以了。

“阿斯巴甜更广为人知的名字是纽特健康糖，它比同等重量的蔗糖甜200倍。”

粉红色的大糖片

如果像我们那样用糖来做速溶酷爱饮料片（右上），要达到同样的甜度，饮料片的大小会超出用阿斯巴甜时的许多倍。

不过，我真正想看到的饮料革新还遥远得让人着急：能加热一杯咖啡的饮料片。自热咖啡确实存在，但需要笨重的容器来装加热所需的化学物质，它们与要喝的咖啡隔离开来。对咖啡爱好者来说，悲剧是人们还没有找到什么办法能制作出一种（能起到加热作用的）混合物，它既能浓缩在一小片里，喝下去又不会让人中毒。

微气泡

将这些掉进水里时会嗞嗞冒泡的药片的照片放入本书中的唯一原因就是它们很漂亮。

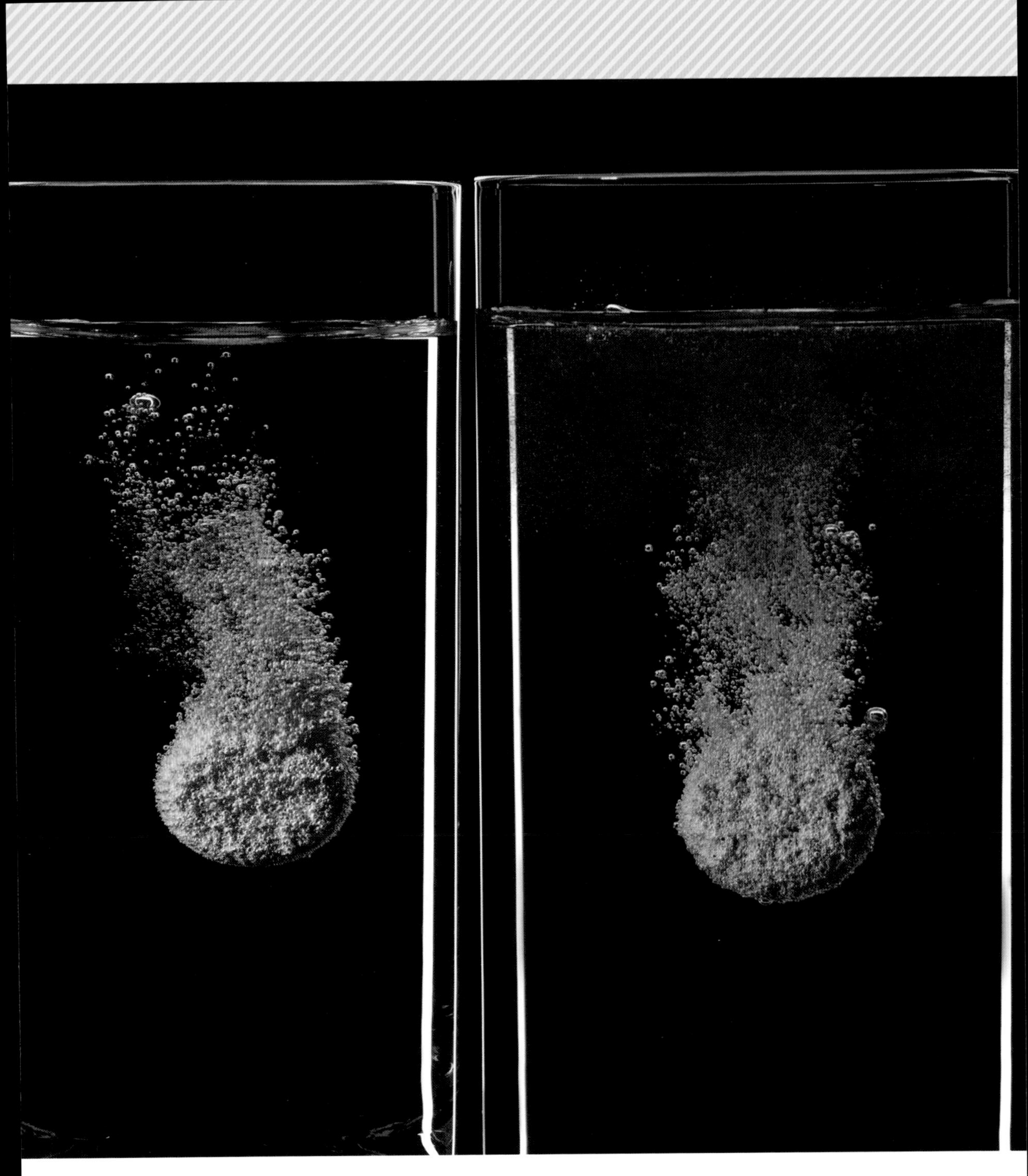

打破坚韧

偷车贼的科学手法。

坚固、坚硬、坚韧，这些词好像是描述同一种东西（比如一个很棒的手提箱）的不同方式。但在描述材料的物理性质时，每个词都有特定的技术含义，以使它与其他的词区别开来。这些含义能够说明要制造出一种防贼的自行车锁为什么那么难。

想象一下一串用钻石做成的链子。任何钢锯都切不开它，但用一块砖头就能砸碎。钻石很硬，但也很脆，跟玻璃很像。钻石缺少的是韧性，也就是吸收能量而不破裂的能力。橡胶做成的链子在技术意义上比钻石坚韧得多，用砖砸上几小时都不会破裂，但它没有硬到能抵抗切割。

实际上，要让最坚硬的材料同时很坚韧是不可能的。坚硬的材料不会像柔软一些的材料那样变形以吸收能量，然后回弹。它们的硬度意味着使它们破裂所需的能量要少一些。以钢为例，自行车锁的缆线是用非常坚韧的钢做的，用锤子很难砸开。但与用于制造工具的高碳钢相比，它非常柔软，用钢锯就能锯断。

好的锁的表面经过了硬化处理，意味着它们有着硬而脆的外层，保护着坚韧而柔软的锁芯。但内行的贼知道，就算好锁也有一个致命的弱点：几乎所有的材料（包括钢在内）在很低的温度下都会变得不那么坚韧。虽然它的抗拉强度（被定义为弄断它所需的力量）没有任何损失，但柔韧性的损失会使它不那么坚韧。

用罐装致冷喷雾（实际上是经压缩的二氟乙烷）冷却到约零下 25 摄氏度，就算是非常坚韧的锁也会变得很脆，可以用锤子砸开。所以，要结束与偷车贼漫长的战争，车锁制造商实在无能为力。与此同时，你也许该考虑干脆把自行车搬进屋里。

“要让最坚硬的材料同时很坚韧是不可能的。”

冰冷的锁

这个U形锁经过特殊处理后更加坚硬，不易断裂，但用罐装气体冷却后，只要锤几下，它就裂开了。

如何用罐装致冷剂破坏自行车锁

这种技术到底对偷自行车有多大用处，能打开多少不同品牌和型号的锁，是存在争议的。它肯定能打开我从沃尔玛买来的比较便宜的锁，更贵的锁也许会（也许不会）更结实。

我用了差不多整整一罐气体来让锁充分冷却，然后用锤子狠狠锤了五六下，它就裂开了。这种方法确实起到作用的证据是我在没有事先冷却的情况下进行了同样数量的锤打（也许更用力，次数更多）时，它并没裂开。

有一件事要当心，厂商现在会在罐装气体里加一点儿苦味剂，免得人们拿它来寻求快感。在工作室里喷光了几罐气体之后，我注意到嘴里尝到了一种苦味。这很奇怪，因为空气中没有多少这样的气味，它更像来自空气的某种味道。

冷锋

如果你倒着拿一罐气体，它就会以液体形式流出来，蒸发时产生非常强的冷却效果。

致命一击

这把锁的圆柱形锁筒是用锻钢做的，可能经过了表面硬化处理。它应该足够柔软，在受到足够大的击打时会弯曲或凹陷。用罐装气体冷却后，它碎裂了。

坚硬与坚韧

在室温下，橡胶球是柔软的，但坚韧到可以抵抗锤打。用液氮冷却到零下196摄氏度之后，它变得像石头一样硬，但很容易裂开。

假金条

怎样制造便宜的假黄金。

2011 年 9 月，纽约市的一位金商把 7.2 万美元花在了他最可怕的噩梦上：假金条。那 4 块 10 盎司（约 283.5 克）假货有着所有真金块的特征，包括序列号。想想有多少人拥有黄金或者以为他们拥有黄金，这实在太可怕了。

自从作家达米安・刘易斯把我写进他于 2007 年出版的间谍惊悚小说《黄金眼镜蛇》（*Cobra Gold*）中后，我就迷上了假黄金。书里我制造假黄金的经历纯属虚构，但人们还是把我当成制造假黄金的。我决定是时候摊牌来做点真正的假金条了。

我做的不是标准的 10 盎司金块，而是一块 2 千克重的假金子，大概有一块 Twinkie 蛋糕（译注：一种美国小甜点，通常尺寸约为 2.5 厘米 ×4 厘米 × 10 厘米）那么大。重量超过 2 千克的小蛋糕？是的，黄金的密度很大，甚至比铅还大。好的造假者必须把重量弄对，只有一种元素的密度跟黄金一样大，而且没有放射性，也不贵。那就是钨，每千克不到 110 美元。

为了造出足以乱真的假金子，骗子们把熔融的黄金浇在钨核上。这样造出的假金块的重量接近完美，钻浅孔时看到的是实实在在的黄金。造出 2 千克这样的假金条大概需要 1.5 万美元，其“价值”大约为 11 万美元。由于必须在《大众科学》杂志有限的预算下进行，而且我也不是犯罪分子，我决定用大概 200 美元的材料来造一件假货。

我用大致和黄金一样坚硬的铅锑合金包裹一个钨核。这样它摸上去的感觉正常，敲起来声音也正常。然后我用真金箔覆盖这块合金，让我的这根“金条”具有金条的颜色和光泽特征。

我的假货没法长时间骗过任何人（用指甲就可以刮下金箔），但它看上去和摸上去都棒极了，就算摆在我那 3.5 盎司（约 100 克）的金块旁边也是——至少我相信后者是足金的。

“为了造出足以乱真的假金子，
骗子们把熔融的黄金浇在钨核上。”

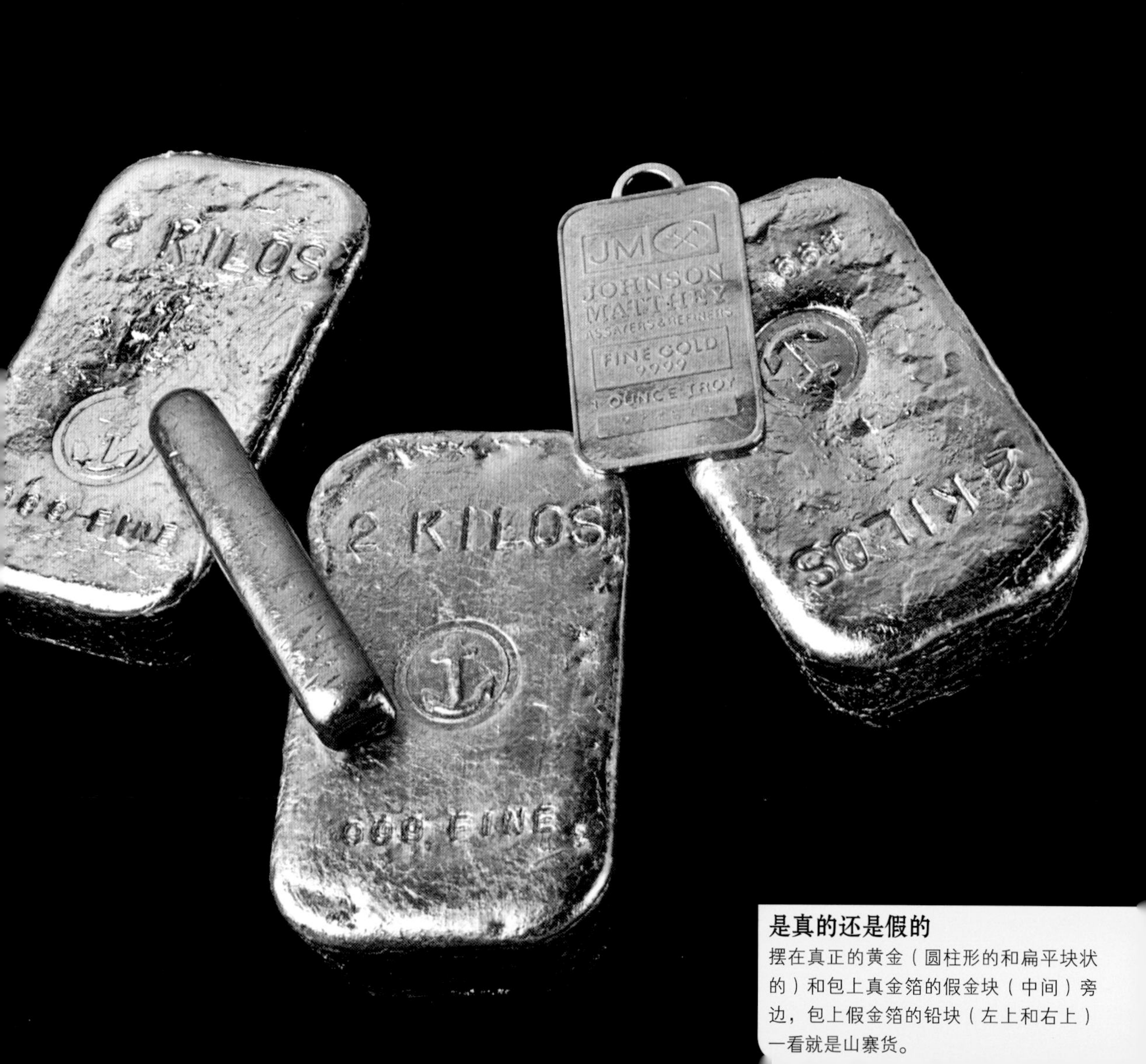

是真的还是假的

摆在真正的黄金（圆柱形的和扁平块状的）和包上真金箔的假金块（中间）旁边，包上假金箔的铅块（左上和右上）一看就是山寨货。

如何制造假黄金

这项工程最难的部分是制造石墨模具。这很滑稽，因为浇铸铅根本就不需要精巧的高温石墨模具，我只是想试试自己能不能做出来（而且浇铸真金的确需要石墨模具，因为黄金的熔点要高得多）。由于没有昂贵的数控机床，我把一个横刀架装在一个倾斜的转台上，引导圆形的铣磨钻头沿着模具呈一定角度的边运动。然后我用细砂纸把模具内部打磨得像丝缎一样光滑（石墨很软，很容易加工）。

通常来说，更难的一步是做一块刚好能放进模具中的钨。钨硬得惊人，无法浇铸，通常是由钨粉热压成型的。这可不是能轻易在家里做的事。我做了一个尺寸合适的石墨模具来配合我已经有的一块钨，从而避开了这个问题。

为了让铅在钨块周围充分流动，我必须同时加热模具和钨块，否则铅遇到钨块时会立刻冷却。不幸的是，我没有把它们加热到足够高的温度，以至于底部还是留下了一个小小的缺口。我没有从头再来，而是设法又用了一点铅并很小心地使用喷灯来把洞填平。

贴金箔很容易，这是一道用“金胶”（其实就是胶水）就可以实现的标准工艺。真正的金箔极其脆弱，通常要用松鼠毛刷子和静电来贴。我找不到松鼠毛刷子，就直接把钨块放到金箔上，让它们贴上去。

然后我用标准字母钢印来打上假记号，用杠杆式冲床在“金条”表面压上一个字母印章。

这是个骗人的包装

金箔非常薄，贴上去之后更像油漆而非金属。

第3章

不实用的知识

看不见的海

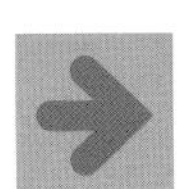

其他气体能在我们以为是空气的地方聚集，只是你看不见。

2007年7月2日，斯科特·肖沃尔特爬进他位于美国弗吉尼亚州的农场里的一个粪坑，去清理一根堵塞的管子。过了一会儿，他昏倒并死去。一位员工下去救他，但很快也倒下了。然后是他的两个女儿和妻子，她们一个接一个地下去，想要拯救前面的人，却只是白白送命。凶手是看不见的、没有气味的甲烷气体，它们聚集在封闭的粪坑里。

人窒息时的感觉——痛苦地挣扎着想要呼吸——并非因缺氧产生，而是由于二氧化碳在血液里积累。这也是为什么窒息性气体特别危险：如果你通过呼吸这些气体把肺清空，就不会发生二氧化碳的积累，在昏迷之前完全不会感到有什么不对劲。

关于气体怎样在封闭空间里聚集，这个过程很难具象化。但它们的行为与液体如此相似，以至于你可以造出不同密度的气体层，甚至能让船浮在上面。

六氟化硫（SF_6）通常用作高压设备的灭弧剂，它是一种无色气体，密度约为空气的5倍，这使它成为演示这一现象的理想材料。我让六氟化硫慢慢地充满一个鱼缸，然后打开鱼缸的盖子，就得到一缸可以保持几分钟不变的气体。当我把一只很轻的锡纸船放在鱼缸中时，它就浮在看起来一无所有的空中了。

这个场景着实很神奇，但要记住，事物并不总是它们看起来的样子。一个化粪池、一口井和一个矿洞可能看上去无比正常，但如果里面的空气被悄悄地换成了某种更危险的东西，你唯一得到的警示就是失去知觉，永远不会知道到底是什么把你放倒了。

“气体的行为与液体很像。”

起锚

一只锡纸船行驶在雾一般的气体之海上。雾来自干冰，它的下面不是液体，而是更多的气体——一种密度非常大的气体！

如何让锡纸船浮在看不见的海上

做这个演示实验的主要问题在于六氟化硫太贵了，一罐气轻轻松松就要你 500 美元，里面的气体只够做 3~4 次这种演示。值不值？只要能让你的船浮起来就值。

为了把鱼缸装满，我把一块很轻的塑料板放进鱼缸，通过塑料板下面的充气软管慢慢把气体释放进去，直到塑料板差不多完全被抬到顶上（没有必要密不透气，只要松松地把它压在充气软管上面就好）。然后我慢慢地把塑料板滑开，尽量不对缸里的气体产生干扰，然后把准备好的船放在这看不见的海上。

六氟化硫还可以当作某种反氦气（译注：氦气的密度小，常用于给气球充气，如果吸入氦气，它会让人的声音变成高音）来用：如果吸进去，它会让你的声音变得超级低沉，像詹姆斯·厄尔·琼斯（译注：美国演员，用低沉的嗓音给一些著名角色配音，如《星球大战》里的黑武士和《狮子王》里的穆法沙）那样。由于密度很大，它会沉积在肺里，你得倒立一会儿才能让它从肺里流出来。

我拥有一个充满这种东西的很大的迈拉（译注：美国杜邦公司生产的一种聚酯材料，用它制成的薄膜质地坚韧）宴会气球，用来让客人们感到惊奇：让气球掉下去，听它砸在地上发出砰的一声闷响，确实非常好玩。人们以为里面装着液体或者别的什么东西，很难相信里面只有气体（当然，如果里面真的装的是水，它就会重到让人根本拿不起来。六氟化硫很重，但跟液体比还是要轻得多）。

封顶

六氟化硫的密度比空气大得多，但也非常昂贵。盖子可以在这种珍贵气体充满鱼缸时保护它免受空气的扰动。

雾之帽

干冰雾比空气重，但没有六氟化硫重，这使它可以停留在密度较大的六氟化硫上方，使我们可以看到这个隐形的海洋。

神奇的促变者——催化剂

当热量不足以引发化学反应时，请加催化剂。

我们拍摄这张照片的时候，这个铜耳坠发出明亮的橙色光芒已经有半小时了。它下面没有火焰，里面没有通电。下面是一摊具有挥发性、高度易燃的丙酮液体，但并没有着火，那么热量从何而来呢?

丙酮蒸气正与空气中的氧结合，在铜表面释放出热量，这个温度比丙酮正常的燃点低得多（但足以让耳坠发光）。铜提供了个后门，克服了通常不具有更高温度就会阻碍丙酮发生反应的阻力（称为活化能）。

铜使反应得以发生，但并不被反应所消耗（这只耳坠可以一直这样发光，它本身不会被耗尽），这就是催化剂的特征。

人们最熟悉的催化剂的例子是汽车里的催化转化器，它用铂和钯使汽油的不完全燃烧得以完成。当然，远在汽油用在汽车上之前，催化剂就很重要了。铂和铼用于“改造”原油：将碳氢化合物分子重组成构成汽油的特殊分子。

催化剂大大减少了改造过程所需要的能量、时间，降低了设备的复杂度，从而显著提高了改造过程的效率。在这个意义上，催化剂可以是非常环保的，虽然用这个词来描述跟石油工业有关的东西似乎有点讽刺。事实上，催化剂还能在许多其他大规模化工生产过程中减少能耗。

我很喜欢那句流行口号“促进变化的催化剂”，因为难得有这么一句科学上很正确的话。它描述了一个组织在履行使命的过程中在做出成绩的同时自身保持不变。简单地说，催化剂的作用就是这样。

“铜使反应得以发生，但并不被反应所消耗，这就是催化剂的特征。”

蝴蝶效应

铜使氧和丙酮发生反应，使耳坠在没有外部热源的情况下持续发出橙色的光芒。

如何使铜耳坠发光

出于某些理由，这个演示实验意外地令人满意。看起来任何真铜首饰都能很好地发挥作用，只要保证其表面没有涂层（可以用打磨或火烧的方式把涂层去掉）。在把耳坠放进丙酮中之前将它加热到足够高的温度，但又不会让丙酮燃烧起来，这一点有些费事。我们面临的真正问题是：丙酮及其蒸气极其易燃。如果你做这个演示，毫无疑问，蒸气在某一时刻是会着火的。要预见到这一点，做好准备，真的着火时不要吃惊，只要用不可燃的东西盖住容器把火扑灭就好了。做这个演示时，周围绝对不能有任何可燃物，剩下的丙酮要严格密封保存在另外的地方。

我们拍张漂亮照片毫无困难，因为只要安装好了，耳坠就能在那里一直待上 10 分钟或 20 分钟，持续发出明亮的光芒。容器上方四周浮动的空气使我们可以在耳坠上制造出或明或暗的纹样，使照片更加有趣。如果不管它，它就会一直发出均匀的光芒。

家传首饰
几乎所有纯度不错的铜首饰似乎都能在这个演示中发挥作用，只要它不是假冒的涂漆金属。漆涂层通常要烧掉，使里面的铜露出来。

真实的危险警告

丙酮极具爆炸性，在丙酮附近使用喷灯非常危险。

稳定的光芒

为启动催化反应，要用喷枪把铜耳坠加热到红热状态，而且必须在极度易燃的丙酮蒸气附近进行操作。这个演示实验必定会不时地产生意料之外的火球，要有心理准备。

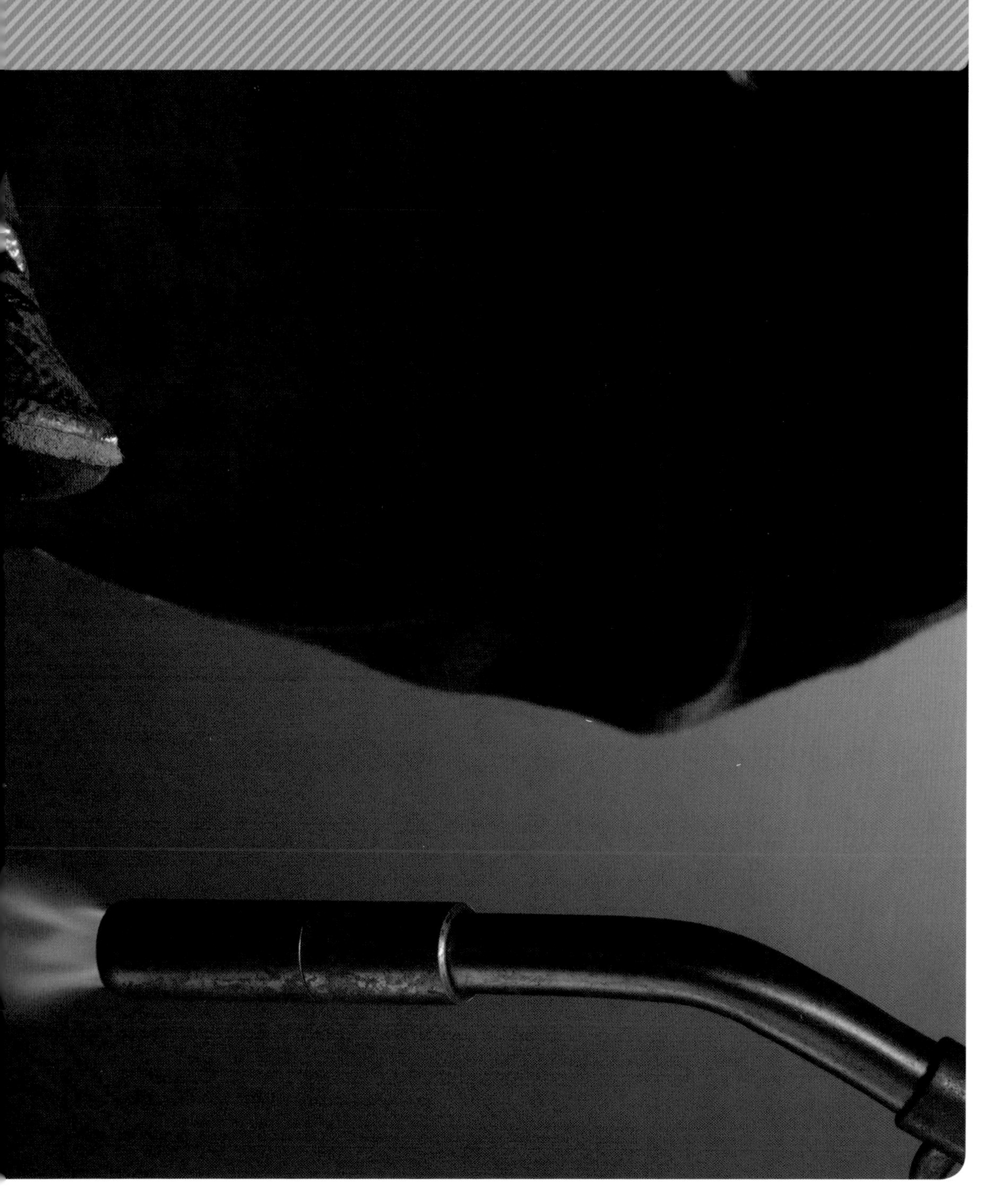

改造光

用一点管道疏通剂和一根荧光棒制造出一流的发光图案。

一旦某种神奇技术变得十分常用，在加油站就能买到，人们就会觉得它理所当然。20世纪90年代的某个时候，荧光棒（译注：一种简易照明工具，由易弯曲的塑料管制成，内装两种不同的液体，其中一种密封在内置的玻璃安瓿内）就经历了这样的遭遇。不过，用上一点创造力、一把斜口钳和一些通乐下水道疏通剂（译注：美国的一个通厕剂品牌，有效成分是氢氧化钠），你就可以揭示荧光棒中古老的黑色、绿色、红色和蓝色魔法的秘密，并且控制它。

当你把一根荧光棒掰弯时，就会折断里面的玻璃安瓿。玻璃安瓿里面的草酸二苯酯与周围溶液里的过氧化氢发生反应，产生过氧草酸酯，这是一种高能化合物。光的颜色取决于磷光染料：高能酯分子遇到染料分子时，酯分子分解，将能量传递给染料分子，后者以可见光光子的形式将能量释放出来。

尽管发光的化学物质通常与危险相关，但实际上荧光棒是十分安全的。如果采取一些预防措施，你可以把它们拆开来做实验。例如，如果你往溶液里加进氢氧化钠（即晶体状的通乐下水道疏通剂）以提高pH，酯分子形成的速度就会更快，从而使溶液更亮（消耗得也更快）。

利用这一效应，我在自己绘制的一幅迷幻画作上加入了星空般的图案，这幅画是把草酸、过氧化氢和染料泼到一块玻璃板上形成的。其中的化学原理与荧光棒正常启动的方法一样，但这个版本更加神奇。

“高能酯分子遇到染料分子时，会释放出可见光光子。”

迷幻之光

把荧光棒折断，将其中的物质一起倒在玻璃板上，它们与一些晶体状的通乐下水道疏通剂结合形成了一幅光画。

如何用荧光棒绘制迷幻光画

喷洒色彩
将草酸二苯酯溶液慢慢滴入过氧化氢溶液中形成发光的旋涡。

我从网上买了好几包荧光棒，切开后将里面的物质倒进不同的塑料瓶中，为自己绘制光画准备好了各种颜色的颜料。理论上，这些化学物质可以直接批量购买，但我发现从荧光棒里把它们弄出来要容易得多，而且荧光棒相对便宜，也容易买到。

把荧光棒切开并不难，但它们使用的塑料很坚韧。我用斜口钳把荧光棒的头切掉。这是一个挺邋遢的实验，染料会把它们沾到的任何东西弄脏。

要避免把荧光棒里的化学物质弄到皮肤上，更要小心别弄到眼睛里。荧光棒里面的安瓿像所有其他碎玻璃一样会把人割伤，所以务必戴上手套。

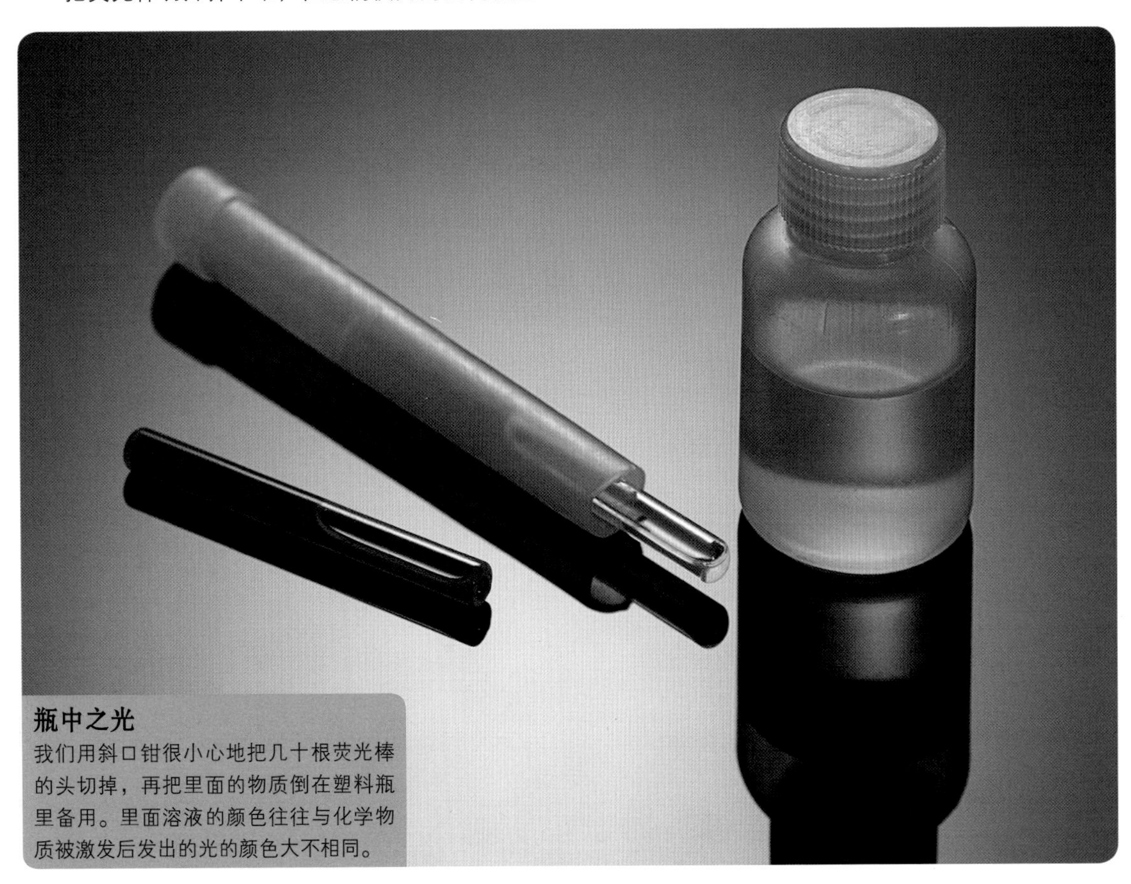

瓶中之光
我们用斜口钳很小心地把几十根荧光棒的头切掉，再把里面的物质倒在塑料瓶里备用。里面溶液的颜色往往与化学物质被激发后发出的光的颜色大不相同。

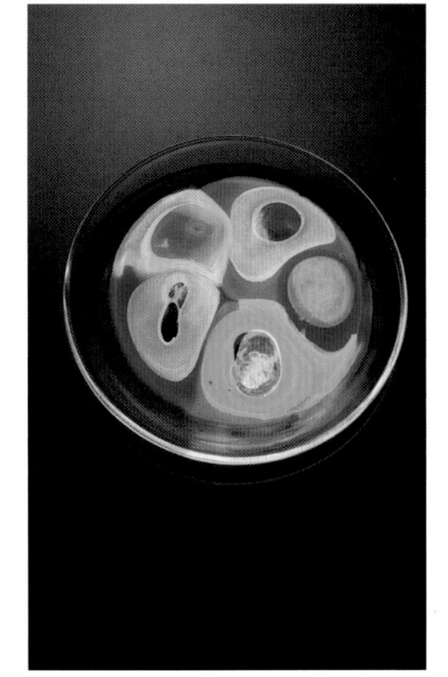
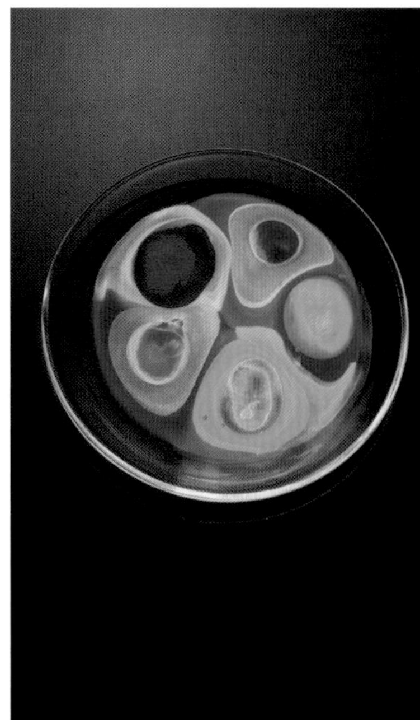

单面“煎蛋”

这些东西可不是煎好的蓝精灵蛋。为了制造出这些发光的色块，我们将少量染色的草酸二苯酯溶液滴在玻璃板上的氢氧化钠溶液薄层中不同的地方。色块扩散之后，在每个色块中央再滴进其他颜色的溶液，形成迷幻色彩的同心圆环。然后往玻璃板上撒氢氧化钠（通乐）颗粒，每个颗粒都会加快周围光芒的扩散，形成明亮的闪光。

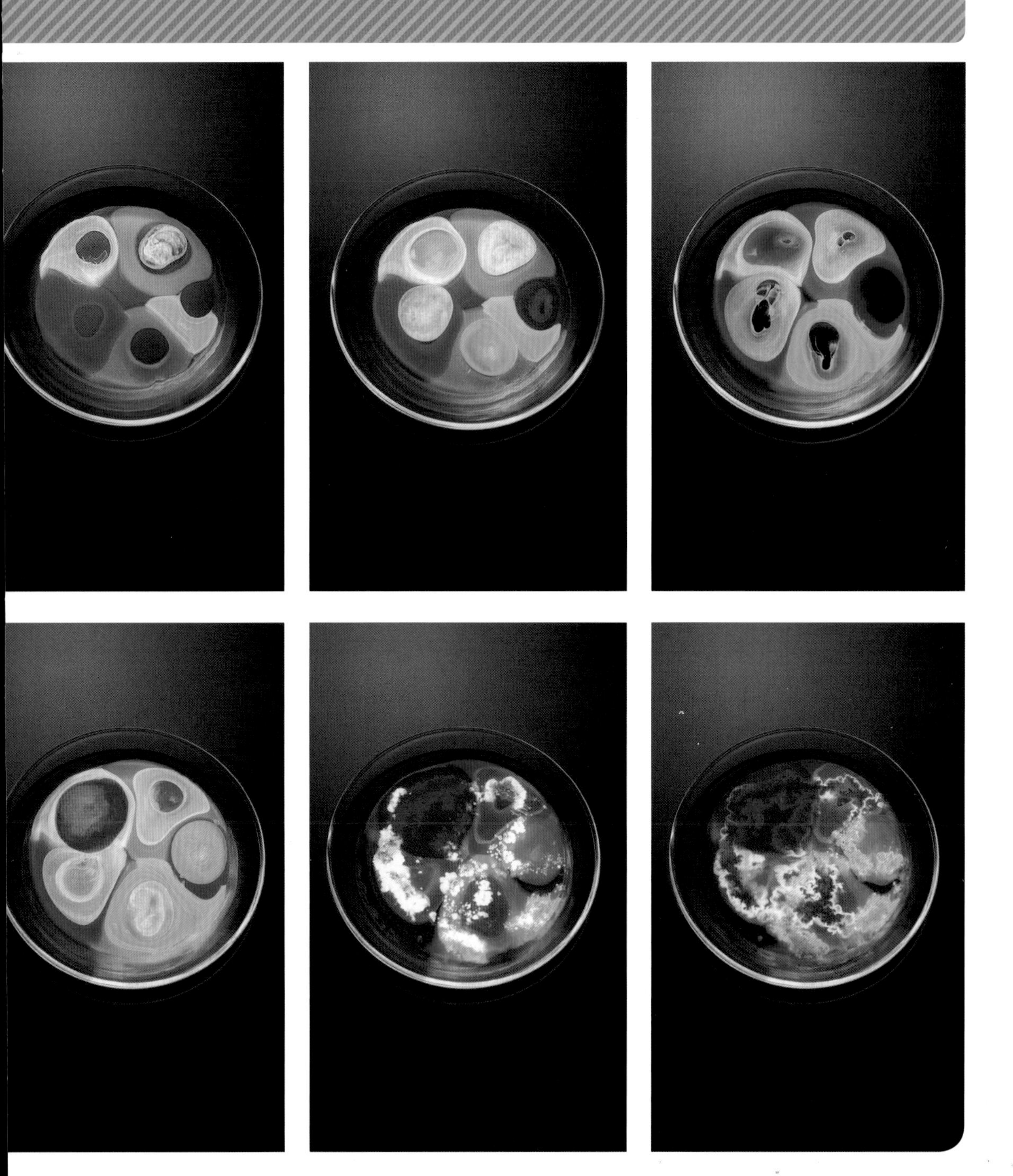

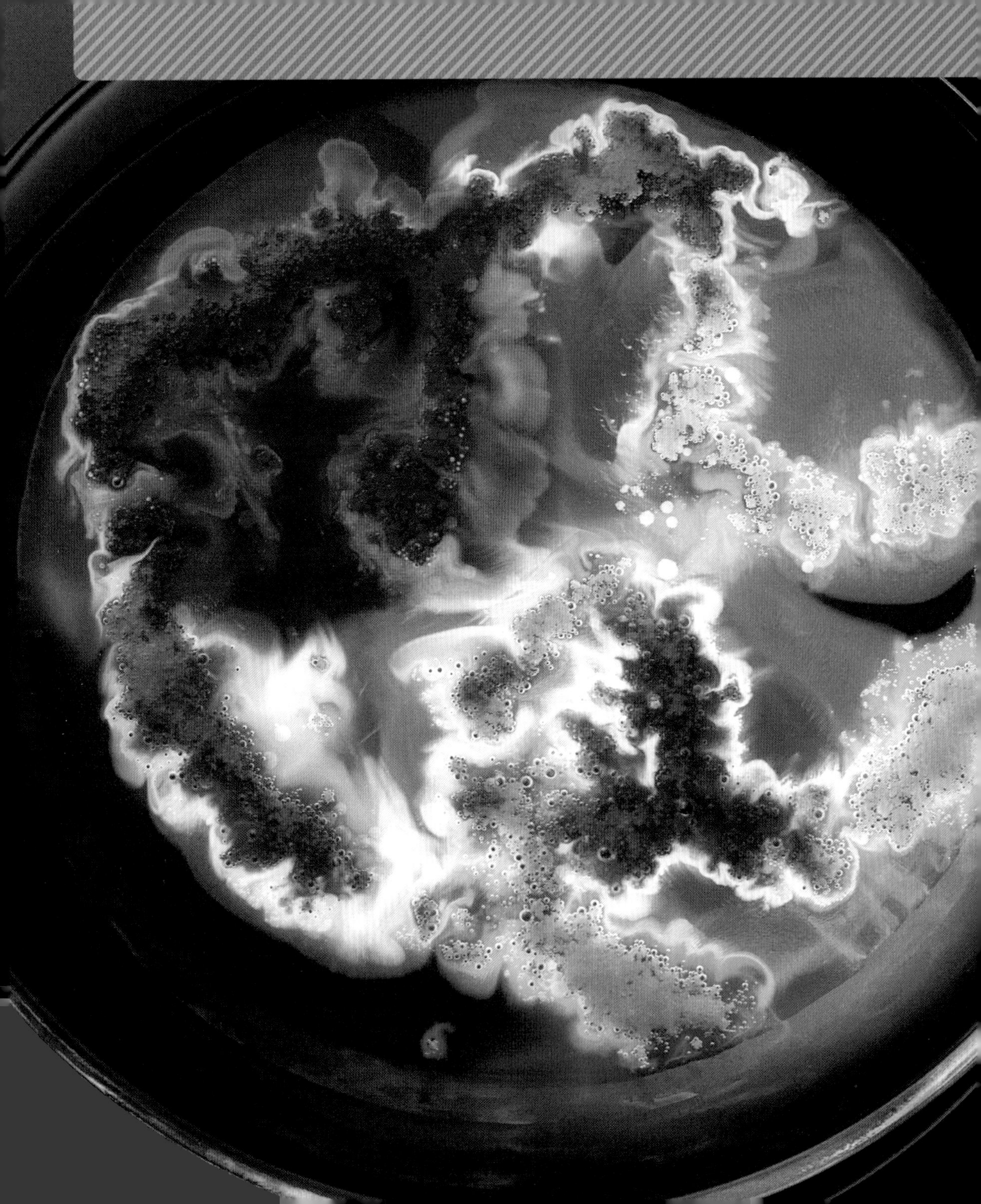

X射线照相机

一小块镭发出射线，穿过一只耳坠，照到用锡箔包裹的即显胶片上。

自制X射线照片

用胶卷和盐瓶就能拍出放射性照片。

人人都知道光线能使胶片曝光，不过其他类型的射线也能——你可以利用这个事实通过非常特别的手段拍摄照片。人类首次发现放射性也是通过这样的方式。

1896年，法国物理学家亨利·贝克勒尔把一些X射线胶片跟一块含铀的石头一起放在抽屉里。他怀疑铀在阳光下可能会发出奇特的射线，但这个样本被完全放在黑暗环境里，所以，他在胶片显影的过程中发现石头还是让胶片曝光时感到非常吃惊。这个发现使他获得了诺贝尔奖。

用普通胶片在家里重复贝克勒尔的经历并不难。我拆开一包10张装的富士ISO 3000即显胶片，把每张胶片都用锡箔包上。这个过程必须在完全黑暗的环境中进行，因为ISO 3000胶片极度敏感。（我由于在光线下操作而把第一包胶片牺牲掉了。）

然后我在包裹好的胶片上面直接放上一个蝴蝶形状的大耳坠，把我拥有的东西中放射性最强的一件（一套老教具里的一个镭制小圆块）挂在耳坠上方几厘米的地方。这使射线可以通过耳坠照到包裹在锡箔里的胶片上。然后我把胶片通过一台老式宝丽来相机的滚轴拉过去，使胶片显影（这也必须在完全黑暗的环境中进行）。

曝光时间大约是36小时，这是通过试验和多次错误之后确定的。如果你愿意等更久，用弱一点的放射源也可以，甚至用普通的食盐替代都行。是的，无钠盐（氯化钾）就有足够强的放射性（来自同位素钾40），只需几个月，一瓶无钠盐就能使胶片上显现出图像，如果你没把这事忘个干净且在吃早饭的时候把这个放射源吃掉的话。

“亨利·贝克勒尔惊讶地发现，完全遮光保存的铀让胶片曝光了。”

如何自制X射线照片

用高感光度的宝丽来胶片来做这个演示实验可以达到最好的效果，不过现在这样的胶片越来越难找了，也许很快就根本弄不到了。当然，你还需要一点放射性物质：从eBay上买来的古董Fiestaware餐具（译注：美国的一个瓷器品牌，早期部分产品的釉料中含有氧化镭）应该不错。这个实验需要很大的耐心：曝光时间通常要几天。

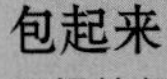

包起来
用锡箔保护即显胶片以免曝光。这一步要在完全黑暗的环境中进行。

真实的危险警告

对于更强的放射源，如含镭的表针（译注：早期的夜光表在表针或字钉上涂有含镭的夜光物质）以及任何会散落微小颗粒的放射源，操作时都必须极其小心，从而使辐射暴露最小化并避免污染。

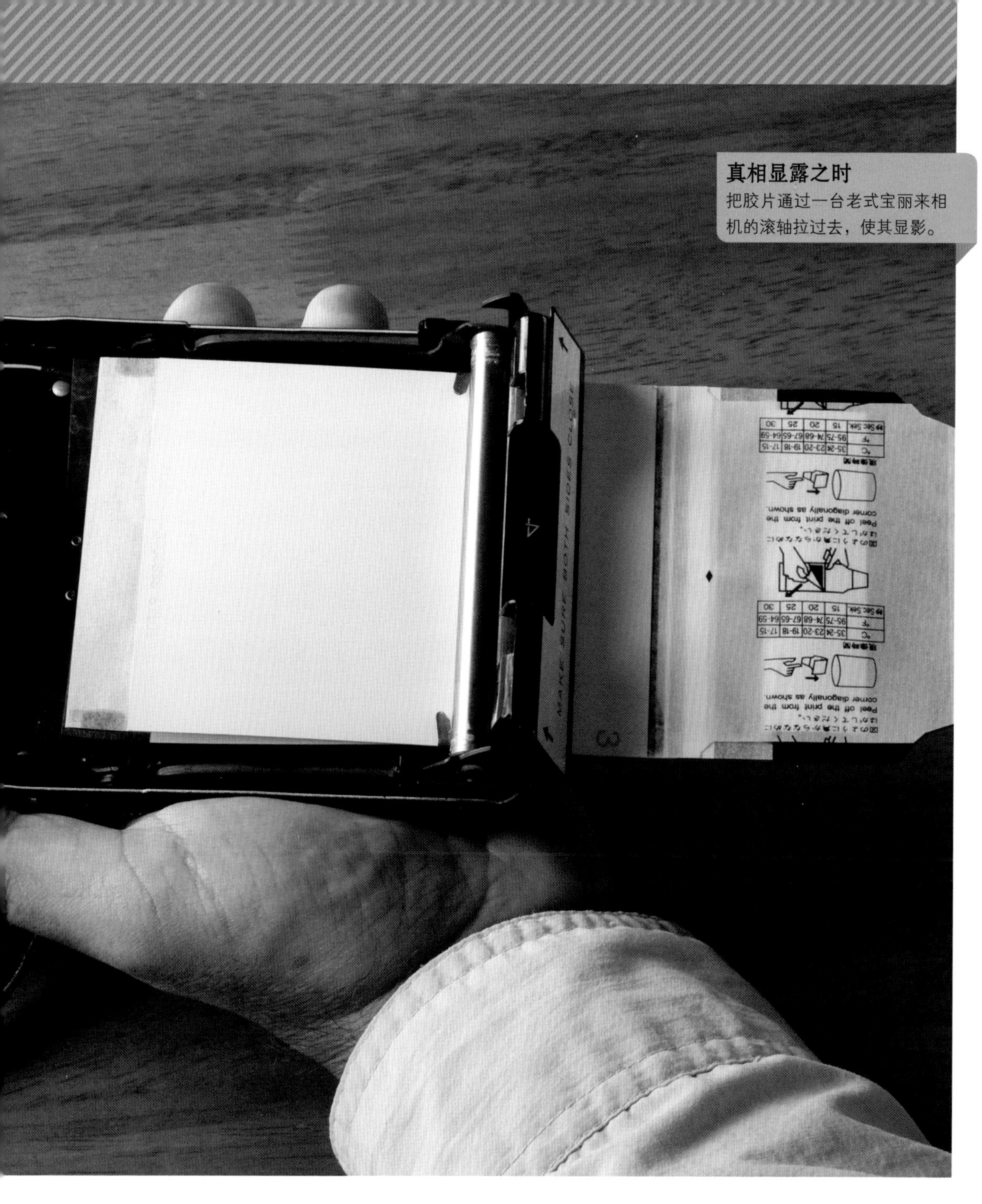

真相显露之时
把胶片通过一台老式宝丽来相机的滚轴拉过去，使其显影。

正片

撕开宝丽来胶片，你会得到一张负片（左）和一张相片（右）。

药中炼金

佩普药片中的重金属含量之高令人吃惊。

现代大多数药物都是精心合成的有机分子，它们是如此有效，以至于每片药只需含有数毫克有效成分，但药效很强大。佩普药片（Pepto-Bismol）（译注：美国宝洁公司生产的一种非处方胃药，有效成分为碱式水杨酸铋）是一个典型的例外，一是因为它的有效成分是铋，这是一种常用于制造猎枪子弹的重金属；二是因为铋的含量很高，以致我得以从一堆粉红色药片中提取出了一块金属铋。

一剂2粒装佩普药片含有262毫克（超过1/4克）碱式水杨酸铋，其中铋占总重量的60%左右。不过，它们可不是碾碎的金属铋颗粒，其中的铋与有机分子水杨酸进行了化合。要得到金属铋，必须进行化学还原，就像把铁矿石还原成金属铁那样。

我试着像还原铁矿石那样用木炭加热佩普药片，但是效果不太好，得到的是破破烂烂的矿渣。幸好我借助科学实验网站thechemlife找到了一种更好的方法，这家网站建议让药片与酸性溶液中的铝发生反应，将铋分离出来。这种方法只需要盐酸（我从附近五金店的油漆柜台中找到了）和铝箔（我家厨房里就有）。

做这个演示实验有点费时间：我得对药片进行磨碎、溶解、过滤、沉淀等操作，然后再过滤。原料是颜色鲜艳的碎块，最后得到的是黑色渣滓，跟佩普药片所帮助的消化过程没什么不同。出于管理安排方面的原因，在准备拍照之前，我并没有真正试过这种方法。加热矿渣后，我们看到液态金属珠子开始形成，说明我们一整天热切寻找铋的努力没有白费，此时我感到非常开心。

“我得以从一堆粉红色药片中提取出了一块金属铋。”

如何从胃药中提取金属铋

这个演示虽然很有趣，但应该是我做过的演示实验中最没用的一个。如果你真的想得到金属铋，从eBay上买就是了，花费只有从佩普药片中提取铋的千分之一。

从这开始

1. 我准备了180粒佩普仿制药（译注：仿制药是指药品专利权过期后其他厂家生产的仿制药物，有效成分相同，但商品名不同）药片，总共含有大约24克铋。

2. 用研钵和研杵把药片研碎。

3. 把药溶解在用1份浓盐酸和6份水兑成的溶液里。

4. 经过非常缓慢的过滤之后，得到清澈的粉红色溶液，其中含有溶解的铋离子。

5. 将铝箔浸到溶液里，使它变黑。酸使铝溶解，后者与铋离子发生反应，金属铋以颗粒的形式析出。

6. 用枕套过滤液体，留在过滤器里的粉末就是金属铋。

7. 用喷枪加热是揭示真相的时刻：黑色粉末会熔融成闪亮的金属吗？

8. 成功了！几克真正的固体金属，闪着铋特有的虹彩光辉。

第4章

哇！燃烧的手

酷手西奥多

一层气泡可以保护肉体免受液氮伤害，虽然只能维持一瞬间。

当我第一次看到这张有人把手伸到零下 196 摄氏度的液氮中的照片时，第一个念头是“这家伙疯啦！在那玩意中浸 1 秒钟，你就得去换新皮肤！”那只手是我的，我们在 1 分钟前刚刚拍下这张照片，这个事实也只是稍稍减轻了我的震惊。

我没有意识到自己的手在液氮里浸得这么深。令人吃惊的是，我完全没感觉到冷。我的皮肤没受伤，原理跟水滴在热煎锅中跳动是一样的。在热煎锅中，水和金属之间几乎立刻形成一个蒸汽隔热层，使水滴在飘浮的几秒钟内保持相对凉爽，直到真正接触到炽热的表面。对液氮来说，肌肉好比是煎锅——温度比其沸点高出二百多摄氏度的表面。因此，当我的手接触到液氮时，它产生了一个用蒸发的氮气形成的保护层，就像锅底产生了一层蒸汽。这给了我足够的时间把手伸进去再拿出来。再待得久一点儿，我的手就会被冻伤了。

这种现象被称为莱顿弗罗斯特效应（以约翰·戈特洛布·莱顿弗罗斯特医生的名字命名，他于 1756 年首次研究了这一现象）。我知道这个现象很久了，但我得承认，当我要在现实生活中试验它时，我用了左手——（万一失去的话）我会相对不那么惋惜的那只手。

我尝试过这一效应的另一个经典实例。书上说，只要拿出来得够快，是有可能把湿手指直接伸进熔融的铅中而不被烧伤的。

“我的皮肤没受伤，原理跟水滴在热煎锅中跳动是一样的。”

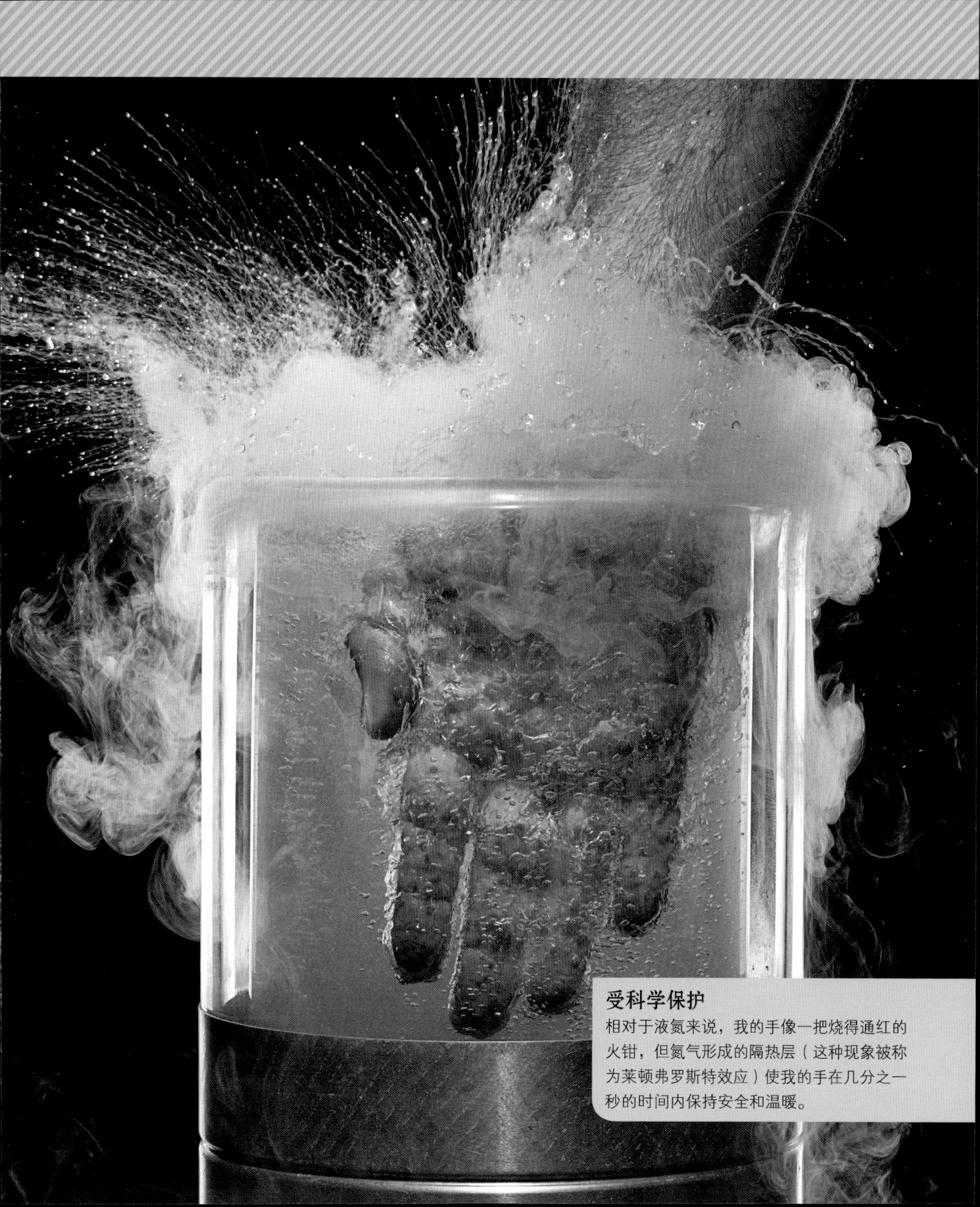

受科学保护

相对于液氮来说，我的手像一把烧得通红的火钳，但氮气形成的隔热层（这种现象被称为莱顿弗罗斯特效应）使我的手在几分之一秒的时间内保持安全和温暖。

如何把手放在液氮里而不被冻伤

这个实验十分简单，只需用到一个宽口杜瓦瓶和大量液氮。起初我自然颇为犹豫，但很快就发现我可以把手放在里面足够长的时间去触摸底部，并拍出很好的照片。此后真的有意思极了：这是一种又“酷”又清爽的体验。

事实上，如果手伸进和拿出瓶子的动作太鲁莽，有麻烦的是我的眼睛：会有一些液滴溅到眼里。无论如何，液氮都不是一种完全无害的物质。

跳动的水珠

实际上，热煎锅表面的小水珠蒸发之前能坚持的时间比不那么热的表面上的水珠还要长一点。当锅的温度高于某个点时，水滴底部的水蒸发得足够快，以至于能形成一层蒸汽，使水滴悬浮在锅底上方，暂时隔绝来自锅底的热量。

真实的危险警告

严禁模仿！如果液氮渗到衣服里，莱顿弗罗斯特效应就不会保佑你了，你会立刻被冻伤。如果液氮进到眼睛里，则会致盲！

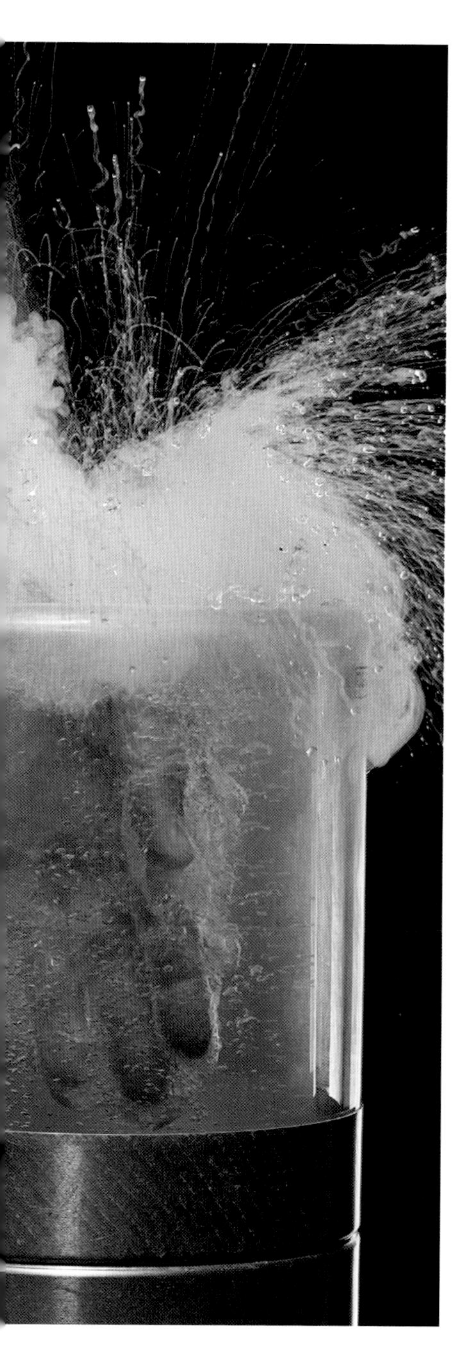

毒光

世界上最险恶的物质之一可以发出美丽的光芒。

做个疯狂科学家是一份吃力不讨好的工作，不过偶尔也会闪亮耀眼——字面意义上的。我最近得到这么一个机会，在一个电视节目（译注：即下文提到的美国科普电视节目NOVA）中拍摄所有化学现象里最漂亮的现象之一：白磷的冷光。

白磷是磷元素的一种不常见的形式，它是一种可怕的物质，毒性极高，在空气里会自燃，常用于制造冰毒。由于基本上没有公司出售白磷，电视节目的制作方找不到哪个心智正常的科学家能弄到白磷并给他们做这个演示。不过我在房子后面保存了一点，装在一个军用弹药箱里。

我那值得信赖的冰岛裔药剂师朋友特里格维在旁边计算调配比例，保证我们能活下来。在他的陪伴下，我把白磷溶解在甲苯（油漆稀释剂）中，然后将其涂在手上（戴了乳胶手套——我可能挺疯狂，但不是疯子）。产生的效果我只在书上看到过或者曾经幻想过：流动的冷光围绕着我的手摇曳着，转瞬即逝，吹一下时会产生涟漪。

随着甲苯的挥发，白磷显现出它的名字所指的特性——发出磷光，与空气中的氧反应，在我手的上方产生一缕明亮的气体。制造这个反应不仅危险，而且很难拍照。我们使用了所能弄到的最好的弱光照相机，获得了满意的拍摄效果。

不过，对于适应了黑暗的人类眼睛来说，这种光芒看上去非常明亮，而且坦白地说怪吓人的，特别是当我拿下手套发现甲苯渗进了乳胶之后。我没预料到会有白磷弄到自己的皮肤上（幸亏只有无害的一丁点儿），不过这也让我看到自己没戴手套的手上摇曳着绿色的毒光，完全与我想象的一样。

“白磷是磷元素的一种不常见的形式，它是一种可怕的物质，毒性极高，在空气里会自燃。”

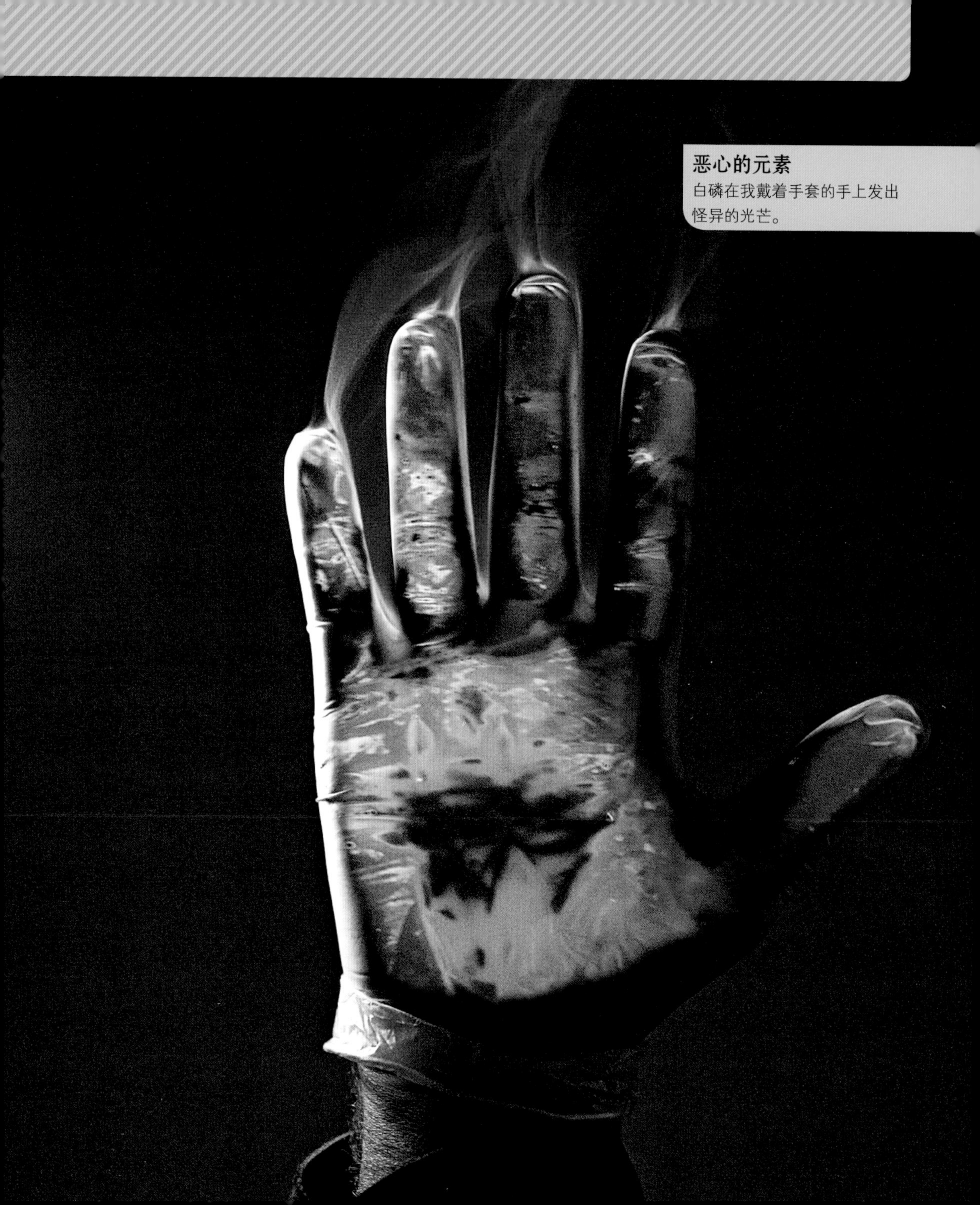

恶心的元素

白磷在我戴着手套的手上发出怪异的光芒。

如何让白磷在手上燃烧

我很有良心地不建议任何人做这种事，也许我自己也不应该做，可是我有那么多白磷，NOVA 节目又那么诚恳地请求我（一开始他们联系的研究型大学拒绝了他们）。事实上，除非你已经有了白磷，否则可能无论如何也弄不到：不可能通过任何商业渠道买到，在美国的很多州持有白磷是违法的。

我做这个实验的第一步是请我的朋友特里格维帮忙，他是一位执业专业药剂师。他建议尝试使用（并且带来了）几种不同的溶剂来溶解白磷。大多数溶剂的效果都很好，所有的溶剂都浸透了我们戴的双层丁腈和乳胶手套。特里格维和我裸露的皮肤上都曾闪着肉眼可见的白磷光，出于某种原因，我比他还要害怕。（他通过计算确定了我们能接触的白磷总量，即使发生最坏的情况，这个量也远远低于有毒水平。他相信自己的计算。）

让我俩都很意外的是，我们都不止一次遇到过一只手套着火的情况。这似乎是因为溶剂挥发，在手套上残留了微量白磷，白磷遇到手上的热量就燃烧起来。这东西实在诡异得很。

用镊子夹着一小块固体白磷在木头上写画，就能产生光笔效应（见右图）。我们随后用吹风机把木头烤热，让字迹更加明亮。

Phos

真实的危险警告

禁止模仿！如果不慎吞服，即使微量的白磷也会有很强的毒性；大量白磷只要碰一下就能烧伤皮肤。

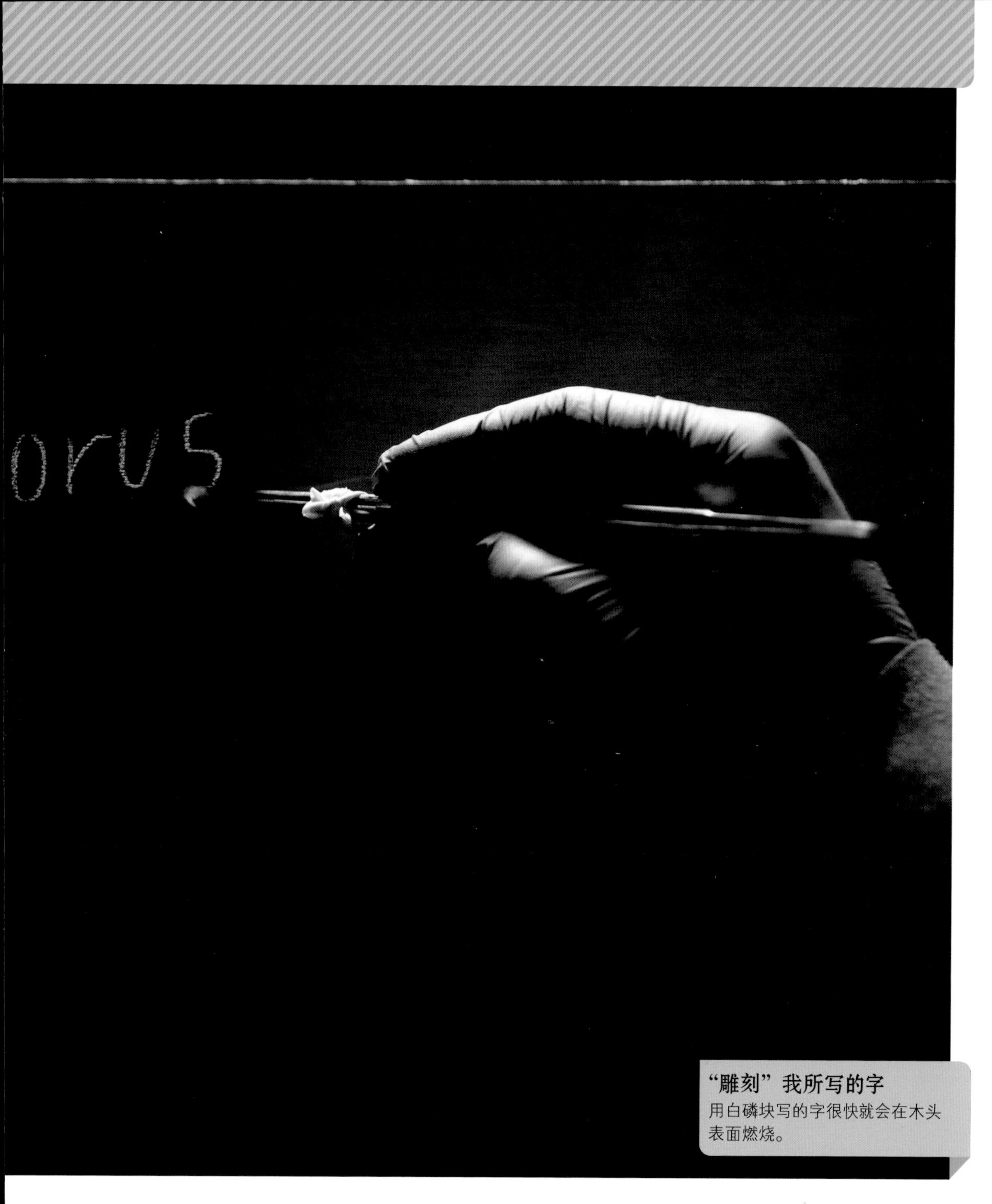

“雕刻”我所写的字

用白磷块写的字很快就会在木头表面燃烧。

红光四射

烟雾的红光是假的，而发光的字迹是真的，烟也是真的，它们源自白磷的燃烧。红光是由放置在木板后面看不见的地方的一个 iPhone 手机的屏幕发出的。是的，有这样的手机应用软件（它可以让你的整个屏幕发出任意颜色的光，用来给目标物体投上少量的彩色光。）

白热的字迹

吹风机把暖风吹向白磷，大大增加了字迹的亮度，甚至能让它们燃烧起来。（红光来自吹风机的电热丝：这些照片是在光线极弱的环境中拍摄的，因此这么微弱的光芒也能显现出来。）

趁热下手

相信科学的话，就可以把手指在熔融的铅里快速蘸一下。

在前面的实验中我把手伸到了超冷的液氮里，我的皮肤在那个实验中幸免于难（见第 84 页）。不过在面对另一个极端的相关实验时，我心里打起了退堂鼓，这就是把手指在熔融的铅中蘸一下。打退堂鼓是因为我唯一一次把自己烧伤到需要看医生就是在童年浇铸铅板的时候。

但人生苦短，不能因为一点儿熔化的金属就退缩不前。我知道化解我的恐惧的解药就是科学：我相信莱顿弗罗斯特效应会保证我的安全。当我的手指接触到足够热的铅液时，手指上的水会立即蒸发，形成蒸汽隔热层，在几分之一秒的时间里保护我。这跟我把手放到液氮中是一样的，那时我手的温度足够高，能让液氮立即挥发，形成类似的气体隔热层。

“温度足够高”是关键。如果金属只是勉强熔化，不能产生足够的蒸气，一部分铅就会凝固在手指上，迅速传递足够多的热量，造成严重烧伤。因此，我得把铅加热到比它的熔点高得多的温度，用一根热狗做过试验后，再亲自动手。

我用无毒的管道焊料来代替铅，焊料的熔点大约是 204 摄氏度。温度达到 260 摄氏度后，我把小手指伸了进去——毫无感觉。我的手指关节浸在里面的深度足以溅出一点焊料，结果还是完好无损。当然，从我们拍摄的高速视频来看，整个时间只有大约 1/6 秒，但这足以治好我童年时留下的对铅液的恐惧症了。

“当我的手指接触到足够热的铅液时，手指上的水会立即蒸发，形成蒸汽隔热层。‘温度足够高’是关键。”

不畏艰险

金属的温度达到 260 摄氏度以上。

真实的危险警告

本文并未提供足以用于安全地重复该演示实验的信息。禁止模仿！

生命的轮回

为了给照片增添一些伤感气氛，我们把一个有缺陷的锡兵放到了锅中。

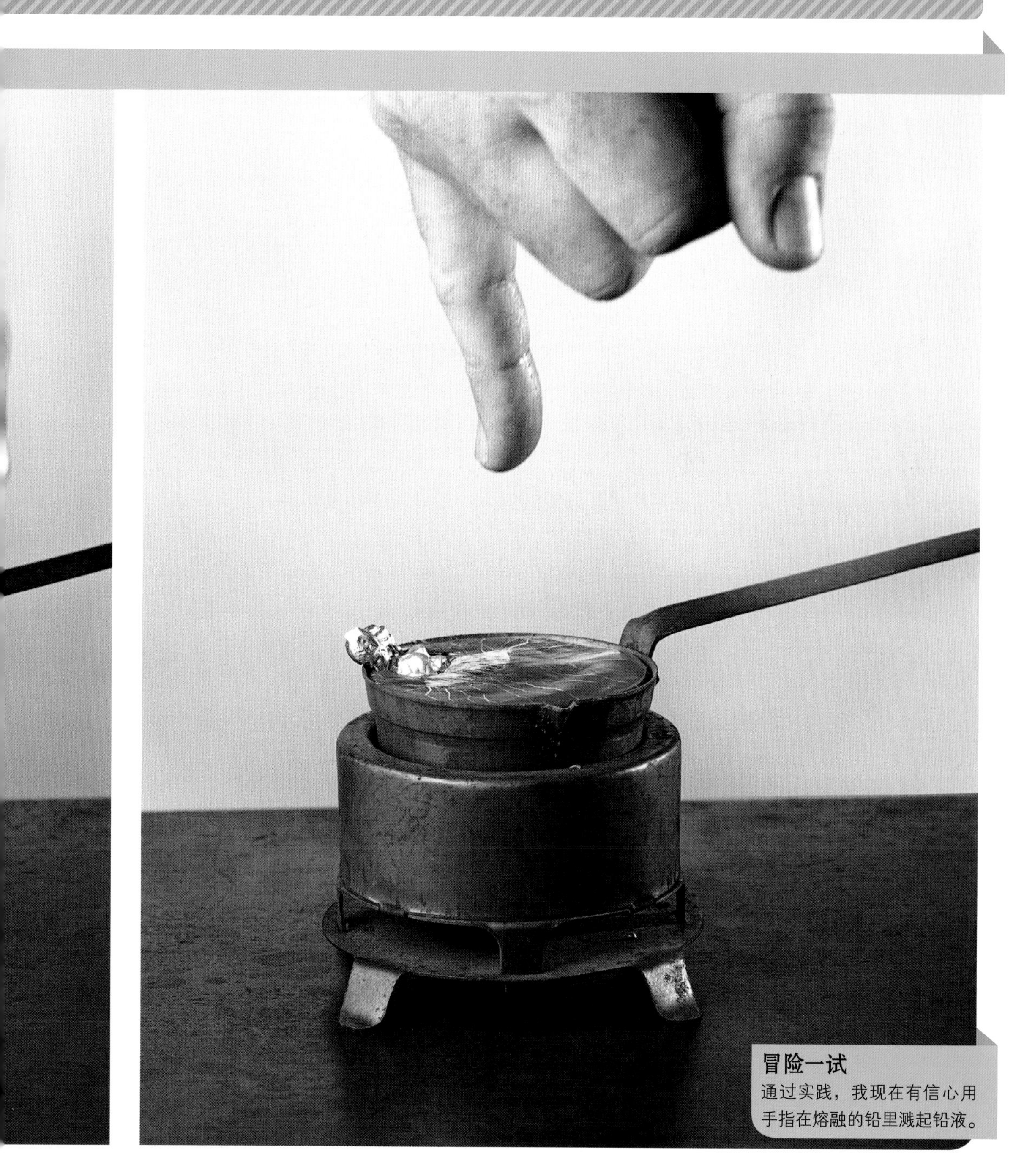

冒险一试
通过实践，我现在有信心用手指在熔融的铅里溅起铅液。

拯救我的皮肤

随便哪个科学家都可以告诉你电影里面的人身上是怎么着火的，但只有那么一位真把自己点着了。

做个疯狂科学家有时也是有好处的，其中之一就是我最近可以告诉同事们，我无法参加他们那个超级重要的会议了，因为我要把自己的手点燃。

在电影里经常可以看到人们全身着火踉踉跄跄地从燃烧的建筑物里跑出来。不过如果仔细看，你就会注意到，他们永远衣装整齐，并且总是在移动。这是确保特效质量的两个重要因素。

要在着火的时候进行表演并避免受伤，你必须使自己和火焰之间隔着什么。但用普通的水来罩着自己是不行的，因为水会流掉。因此，特技演员穿的衣服里含有吸水能力超强的聚合物纤维（就是尿不湿用的材料），可以把水保持在身上。这样处理过的一层衣服可以让人保持好一段时间的凉爽，不过他们还得不停地向前跑，免得让火苗烧到他们未遮盖的脸。

如果有的场景需要表现裸露的皮肤着火，特技演员会使用一种特殊的含水防火凝胶，把它抹在皮肤上可以形成光滑的透明层，几乎看不见，特别是在动作很快、画面中有很多火焰吸引观众注意力的时候。为了让你看清楚近看时是什么样，我在自己的手上涂满凝胶，然后刷上稀释过的万能胶，点燃后产生了非常漂亮的暗黄色火焰。

因为拍照的时候需要我的手保持完全静止，我不能通过动作来保持凉爽，几秒钟之后我的手就感觉很热——但我们已经拍下照片为证，我不去开会的理由是真的！

“在电影里经常可以看到人们全身着火踉踉跄跄地从燃烧的建筑物里跑出来。”

人肉火炬
凝胶里所含的聚丙烯酸钠
保护我的手免受火烧。

炙热的脑袋

我的助手泰勒·沃克头戴浸满水的帽子进行防护，火焰产生的热量上升散逸，这让他可以在脑袋着火的情形下惬意地维持 1 分钟微笑。

如何把自己的手点燃

火焰效果的关键是要有一个助手提着一桶水或拿着湿毛巾在旁边待命。防火凝胶保护你免受火焰伤害的时间，足以让你在防护开始失效时做出冷静而有条理的反应。记住，要冷静而有条理：只不过是你的手着火了，而且开始变热，这不是恐慌的理由。

该演示实验最困难的部分是把凝胶均匀、平整地涂在我的手上。让一块布着火要容易得多，因为凝胶可以藏在布的下面。

火与冰（激凌）

（上图）为了拍摄这张照片，我和拍摄人员做出了不少烟熏冰激凌。（左图）实验中所用的这个牌子的凝胶主要用于焊接时保护焊接部位附近的表面。用石脑油稀释过的万能胶可以制造出非常漂亮的黄色火焰，而且伴有适当数量的尘烟。

真实的危险警告

禁止模仿！玩火者必自焚。制作这种特效需要专业的训练和准备，即便这样还可能会出很多岔子。

第5章

制造新玩意

化铅为卒

长久以来，一些看上去毫无威胁的儿童玩具是用非常有害的物质做的。

禁止儿童玩具含铅的法律是执行得最严格的保护消费者的法律之一。铅是一种会暗中作恶的毒物：它的效果缓慢，没有皮疹之类立竿见影的影响，但会引起行为问题，并使智商略微下降。即使含量极低，它也会导致有害结果。但几十年前，许多流行的玩具都是用铅做的，包括锡兵。

想想那时生产的所有铅玩具，锡兵听起来就算是不错的了。不过说“锡”有些不恰当，这些玩具士兵的主要原料不是锡，而是一种铅锡合金，含有60%~75%的铅，其他成分主要是锡和锑。也有些是用“硬铅”做的，“硬铅”是一类通常用于制造子弹的合金，含有95%的铅以及一点用于增加硬度的锑。

孩子们不只是玩这些具有神经毒性的小玩意，他们经常会在厨房里浇铸铅模，所用的器材包括一个坩埚、一个长柄勺、一些铅合金条和一套玩具士兵模子。浇铸之后，孩子们会把它们打磨光滑（从而把铅粉弄得到处都是），然后用各种各样的油漆来装饰他们的这支军队，而这些油漆多数也含铅。

“几十年前，多数流行的玩具都是用铅做的，包括锡兵。”

糟糕的浇铸

直到 20 世纪 60 年代，用熔融的铅合金做锡兵还是孩子中很流行的一种活动。图中的这些玩具士兵是用无铅管道焊料做成的。

谢天谢地，从那以后安全标准大幅提高了。按今天的标准（每千克含有 100 毫克铅或更低），一个这种老式锡兵里所含的铅就足以让数以百万计的玩具不适合在美国销售。尽管这类安全要求无疑有助于减少铅中毒事件，但它们可能还不够严格。与大多数有毒物质不同，铅并不存在一个低于该含量就无害的下限。随着越来越多有关铅损害大脑的证据累积起来，如果每千克含有 100 毫克铅的上限值被进一步降低，那么也就不足为奇了。如果你真的想要安全地玩锡兵，就得找一些优质的硅胶模具，并且用无铅管道焊料来浇铸，就像我这样。

如何浇铸锡兵

做锡兵是一个很有趣的爱好，没有道理说一个细心的孩子在成年人的监护下不能自己在家里浇铸这些玩意。从 eBay 上可以买到完全合用的旧模具以及成套工具，而且如果你用纯锡来浇铸，就不会有铅污染问题。如果用常用且容易买到的锡铅合金，就必须注意不能把它放到用来装食物的锅里，也不要把铅粉弄得整个厨房里到处都是。

锡和铅可以在厨房炉子上用不锈钢锅或铸铁锅（铝锅不行）来熔化：不需要任何特别的装置。有时最开始浇铸出的几个锡兵会缺胳膊少腿，或者缺少点其他零件，随着模子变热，金属在凝固之前流得更远，状况就会有所改善。

真实的危险警告

不管是否含铅，熔融金属都可能意外溅出模具，导致烧伤。务必使用合适的安全装置。

任何温度下都不安全

自罗马时代以来，人们就知道铅是有害的，但它到底有多可怕，现在还没彻底弄清楚。

冷酷的现实

怎样用汞浇铸出（即便是转瞬即逝的）固态物体：只需添加很多液氮。

你怎样看待固体、液体和气体，完全取决于你住在哪里。例如，从非常寒冷的火星来的男人可能会用冰来盖房子，从平均温度为 466 摄氏度的金星来的女人则会在液态锌里面洗澡。

我们认为汞是一种液态金属，但这完全是相对的。在某个温度下，汞原子排列组成固态晶体；在另一个温度下，它们自由移动，呈液体状态。从冥王星来的孩子们（比如说我家的）可以很愉快地用液态汞来浇铸他们的玩具士兵，因为在那个寒冷的星球上，汞是一种有延展性的固态金属，跟锡很像。在地球表面的温度下，你需要用炉子来浇铸锡兵，而用汞来做小雕像则需要一罐液氮。

在液氮的温度下（约零下 196 摄氏度），汞与其他金属很像：可以用锤子锤、用锉刀锉、用锯子锯（它不会像其他用液氮冷却的东西那样碎裂，因为它内部没有足够的水分）。观察汞凝固跟观察锡从熔融状态凝固是一样的。随着汞从液态转为固态晶体形式，你会看到它的表面起皱。而且，因为汞跟多数其他金属一样在凝固时会收缩，你可以看到它的表面有一块块凹陷，呈现浇铸金属的拼合特征。

用凝固的汞来做小玩意的有趣之处也是惋惜如下事实的另一个理由：这种神奇的金属也是有毒性的，必须非常小心地操作，绝不可以让它泄漏出来。曾有学校因为打碎一支水银温度计而疏散人群。另外，自然环境里的汞尤其是鱼类体内所含的汞是让人担忧的一个重要的公共卫生问题。当然，这也是我做这条可爱的小汞鱼的原因。

“在某个温度下，汞原子排列组成固态晶体；在另一个温度下，它们自由移动，呈液体状态。”

汞的蒸发

这条鱼不只是被汞污染，它就是用汞做的。用液氮冷却后，汞会变成与锡很像的固态金属。

浇铸

把室温下的汞倒进冷却好的玉米面包模子里。

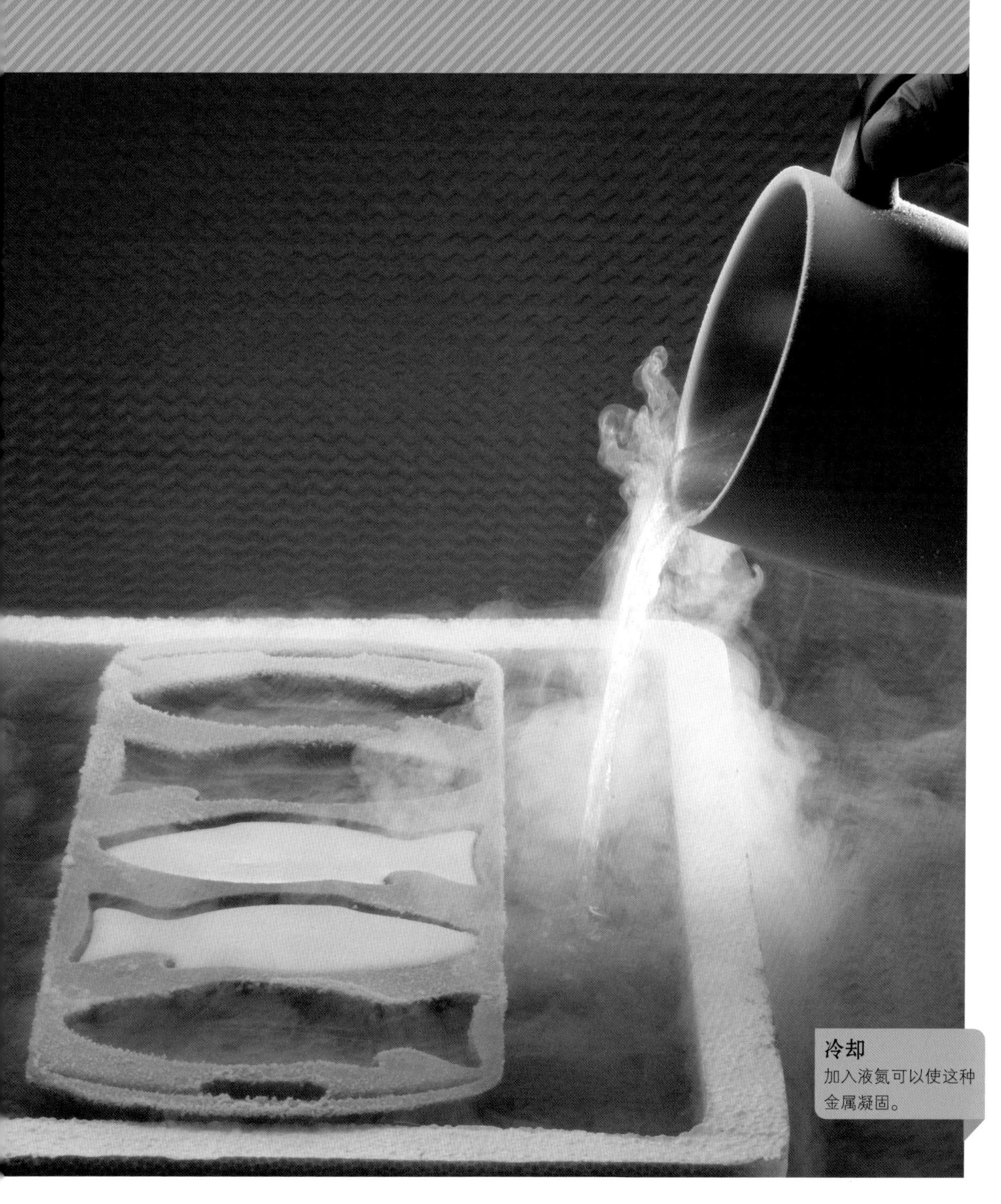

冷却
加入液氮可以使这种金属凝固。

如何用汞浇铸一条鱼

这个演示实验属于那种非常不推荐做的，除非你有很好的理由来动手实践（比如说，为你正在写的一本书拍照片）。在模具里浇铸几千克汞并让它凝固并不难，但你面对的可是几千克汞，而只要漏出几克汞就会给清理带来很大的麻烦。

我在一个切割出来的泡沫塑料冷却槽里倒上 1.25 厘米深的液氮，把一个玉米面包模具放进液氮，然后把室温下的汞倒进模具，让它凝固。马上就给我留下深刻印象的是，汞凝固跟看着熔融的锡凝固非常相像。在两种情况下，最后你都会看到晶体在中间形成，金属表面因为冷却收缩而形成一个小小的凹坑。

冻鱼
空气里的水凝结，形成冰霜外壳。温度高于零下 39 摄氏度时，这条鱼就会变成液体。

真实的危险警告

不要玩汞！它有毒，即使轻微泄漏也会造成危险，而且要花大价钱去清理。

雕刻设备

电池充电器的夹子在电极和被加工的金属之间通上10安电流。流动的盐水起到导电作用。钻床的作用就是移动电极。

电动雕刻

用盐水、电和锡耳坠雕刻钢铁。

我记得几十年前在某个参观活动中看到过一个神奇的实验：一小块柔软的金属在硬得多的金属上刻出复杂的图样。这个过程被称为电解加工（ECM），它的原理如此简单，以至于你自己在家里用钻床、电池充电器和花园喷泉用的泵就能实现。

电解加工基本上是电镀的逆过程。电镀使用金属离子溶液，让电流通过正极和想要电镀的物体（负极）流过溶液，离子在物体表面沉积成为固态金属。电解加工使用普通的水（加一点盐，使它具有导电性）反向通电，从而把待加工物体上的固态金属转变成盐水里的离子，每次去掉一点点。电极的形状决定了加工出来的图样。

由于起作用的是电流，电极并不接触被加工物体。不管金属多硬，这种方法都一样有效。我用一只便宜的软锡耳坠作为电极，在一个用硬化钢制成的垫圈上加工出了简单的形状。大约15分钟后，耳坠毫发无损，钢垫圈却已经变薄了一大半。

电解加工过程在工业上用于在非常坚硬的金属上加工出极其精细、复杂的图案。由于被加工物体完全不受力，用这种方法可以加工出用铣床处理时会破裂的精细图案。我的家用装备不能像商用系统那样精确地控制电流，因此只加工出了一个让人失望的模糊的耳坠图案。但这还是挺不可思议的：在锡耳坠和硬化钢的竞赛中，耳坠胜出了。

“电解加工过程在工业上用于在非常坚硬的金属上加工出极其精细、复杂的图案。”

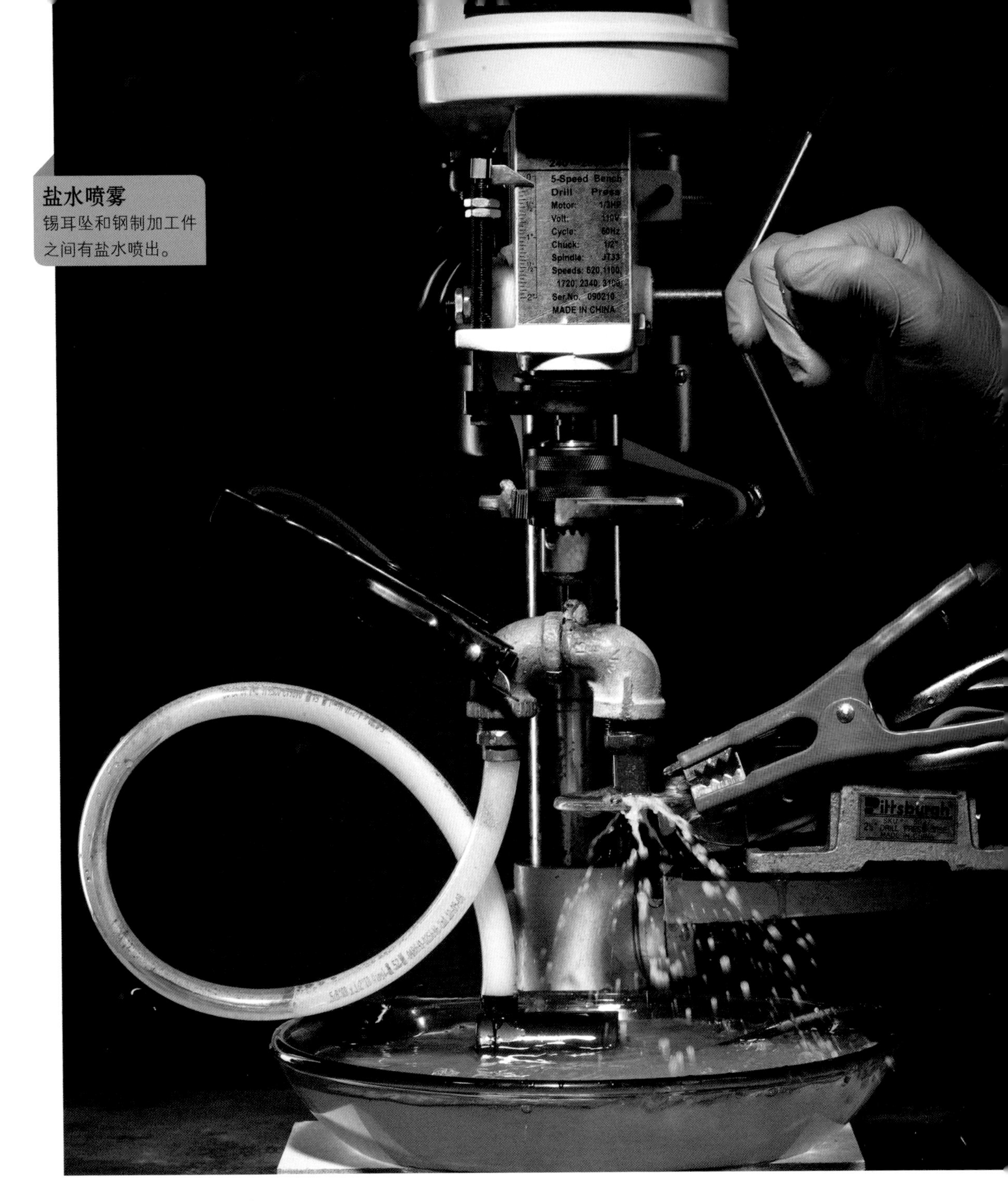

盐水喷雾
锡耳坠和钢制加工件之间有盐水喷出。

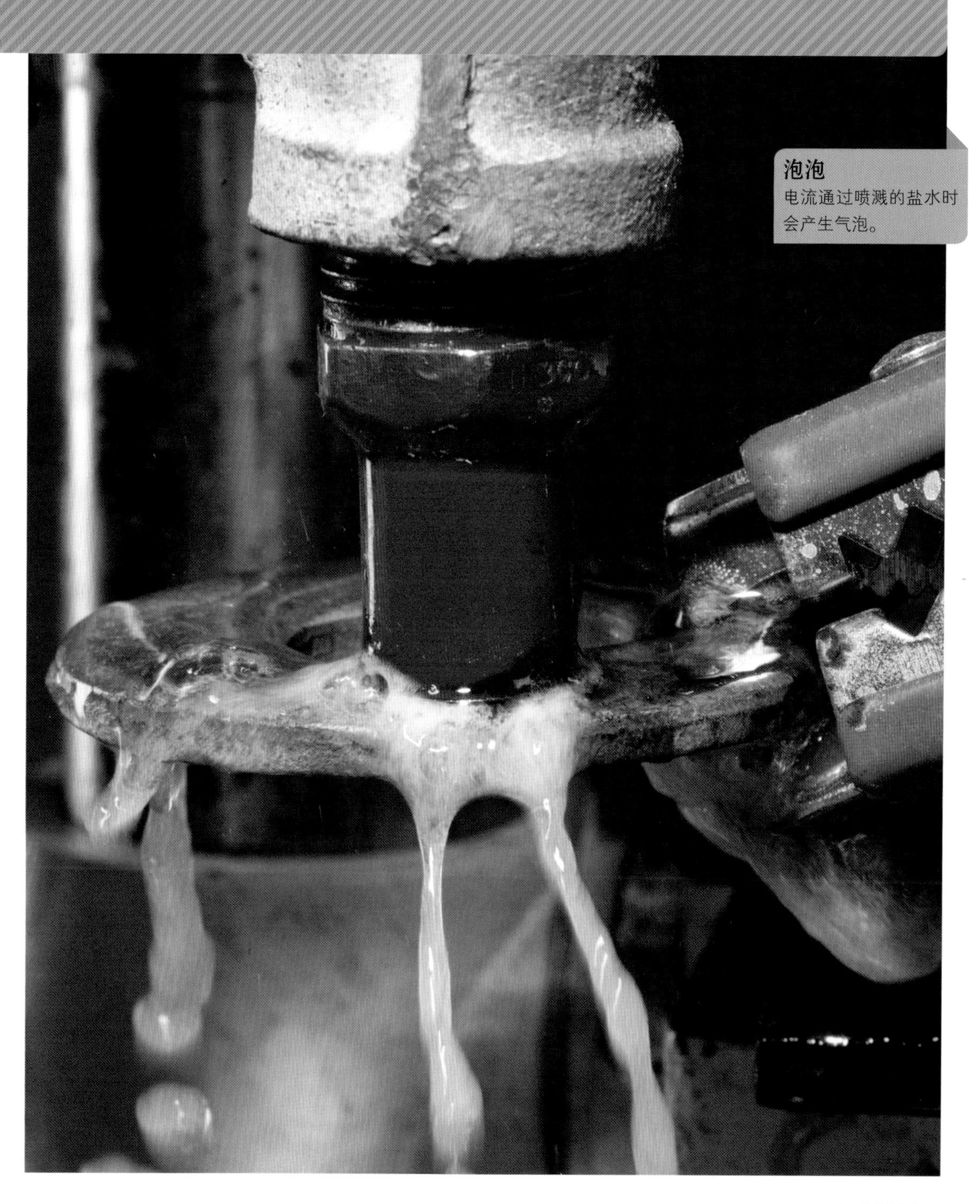

泡泡

电流通过喷溅的盐水时会产生气泡。

第一印象

这次电解加工尝试的成果是个相当寒碜而又模糊的凹坑。但若方法得当的话，这种技术可以加工出极其精细的图案。

专业与业余

（左图）这只带有和平标记图案的锡耳坠起到电极的作用，腐蚀了硬化钢垫圈里的金属。结果不怎么样，因为要精确地人为维持两者间几分之一毫米的距离太困难了。商用电解加工件，例如这个用在水泵上的微型涡轮（上图），使用了复杂的电子技术来监控电流，进行精细加工。

真实的危险警告

手上沾有盐水时，12伏电压也可能造成危险。
所以，一定要戴好橡胶手套。

透明火箭

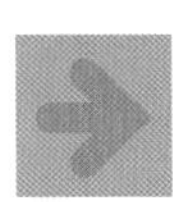

看透火箭发动机没你想的那么难。

太空旅行的先行者维珍银河公司希望把客户送往太空边缘（译注：该公司及其他一些机构将海拔80千米定义为大气层与太空的分界线）。乘客将乘坐有翼飞行器“太空船二号”，由混合燃料火箭送上天空。

混合燃料发动机融合了两种经典设计方案：液体燃料发动机（类似于航天飞机的主发动机，燃料由氢气和液氧混合而成）和固体燃料发动机（类似于航天飞机的推进器，以固态的铝和高氯酸铵为燃料）。

固体燃料发动机的动力强劲，但点火之后会一直工作到燃料耗尽才停

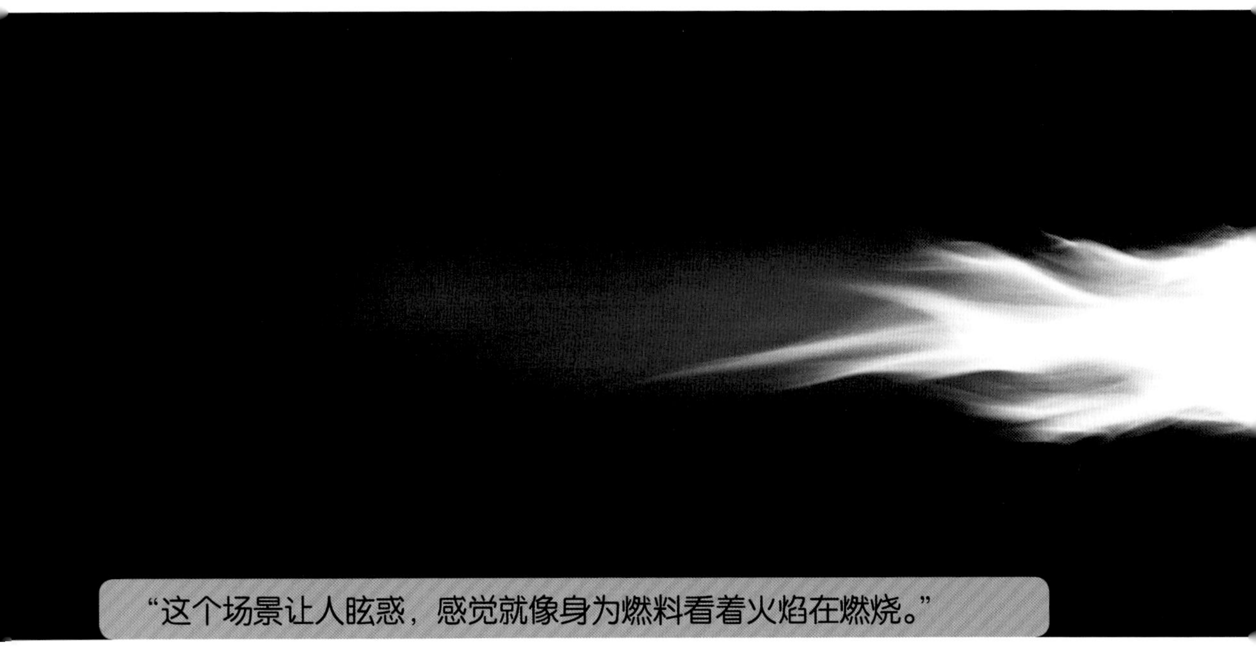

“这个场景让人眩惑，感觉就像身为燃料看着火焰在燃烧。”

下。你乐意也好，不乐意也罢，都没办法干预。液体燃料发动机可以调节，但构造特别复杂。混合燃料发动机介于两者之间，用流量可调的液体氧化剂燃烧固体燃料，比常规液体燃料发动机简单得多。

弄懂火箭发动机怎么运作不是一件容易的事，如果能看到发动机里面的情景，岂不是很酷？这没你想的那么难。

我选择了一根长约 15 厘米、直径约为 5 厘米的亚克力棒，沿棒芯钻了一个直径约为 1.3 厘米的孔，做成一枚透明火箭。整个发动机都在这儿了：亚克力管既是燃料，又是容器，还是喷嘴。为了保证燃料能快速燃烧，我把一根直径约为 1.3 厘米的金属管插进亚克力管的一端，通过它吹进纯净的氧气（液氧更符合真实火箭的情形，但要危险得多，操作起来非常棘手，也容易爆炸）。

我把一团烧着的纸巾塞进亚克力管，把它点燃，然后打开氧气阀门，放出一股比较小的气流。增加氧气流量后，发动机的威力增强，铅笔大小的火焰变成熊熊烈焰。

这个场景让人眩惑，感觉就像身为燃料看着火焰在燃烧。着火的亚克力产生软黏的涟漪，由燃烧的力量推动着前进，直到整根管子熔化。这时就该关掉氧气阀门，想想该怎么对付一堆着火的半熔融状态的亚克力了。

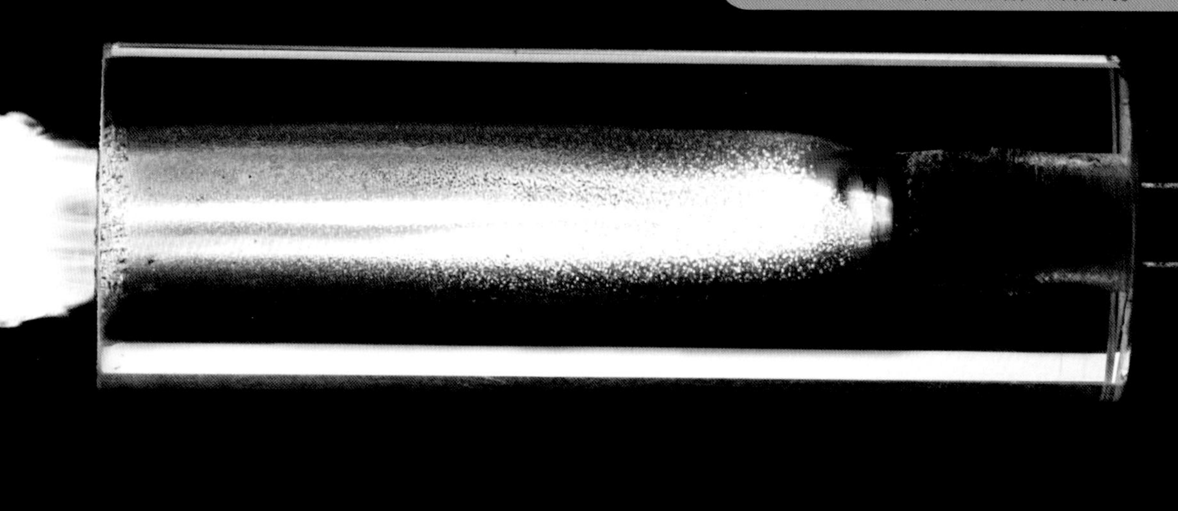

火箭科学看清楚

氧气经金属管通入中空的亚克力管。蓝色火焰显示材料在纯氧气流中高效燃烧，温度很高。

如何点燃透明火箭

我非常喜欢这个实验，因为效果特别精彩，而且只要有合适的设备就不难做——一罐氧气加一台好的钻床就够了。

第一步是弄一根直径约为 5 厘米、长 15~20 厘米（这些尺寸并不重要）的亚克力圆棒，然后沿着棒芯钻一个直径约为 1.3 厘米的孔，这可能要费点时间，因为钻孔的速度要慢，以免亚克力熔化。如果钻得太快，钻头就容易被卡住。另外，除非钻床足够大，否则你得分别从两头钻孔，在中间会合。（两边的孔对得不整齐也没关系，反正你不会真的坐这玩意儿去太空。）

整根亚克力棒钻通之后，将一根金属管插进亚克力棒一端的孔里，二者要紧密贴合。我用的是空气喷枪，尺寸刚好合适。把金属管的另一端经过气压调节器和流量控制阀与焊接所用的氧气瓶相连（连接氧气瓶的焊枪就适合充当这根金属管）。

点火非常容易。往亚克力管的开口端塞进一个纸，露出来一点纸。把纸点燃，然后把氧气阀门打开一点点。如果猛一下开得太大，气流就会把纸团吹出去，所以要慢慢来。等亚克力开始燃烧后，想将氧气调多大都行。火焰会朝着氧气来源一路烧过去，直到圆管内部都烧起来。这时候你就可以改变氧气流量来给发动机“调速”了。

还有人照这个思路大力发挥，用喷嘴和漂亮的框架把亚克力燃料固定住，这样发动机就能产生颇为可观的推力，但实验过程要复杂得多。

实验中有几个地方可能会出问题，最终结果都是又烫又黏且燃烧着的亚克力四处飞溅，或者滴在火箭周围的地上。务必确保附近没有任何易燃物，并且要穿防火服装，戴防护眼镜和面罩。高压氧可不是什么好相处的东西，如果你对它没有操作经验，切勿尝试本实验。

真实的危险警告

切勿模仿！亚克力燃烧时会产生有毒的烟雾，还可能导致严重烧伤。说不定氧气会意外地剧烈爆炸。

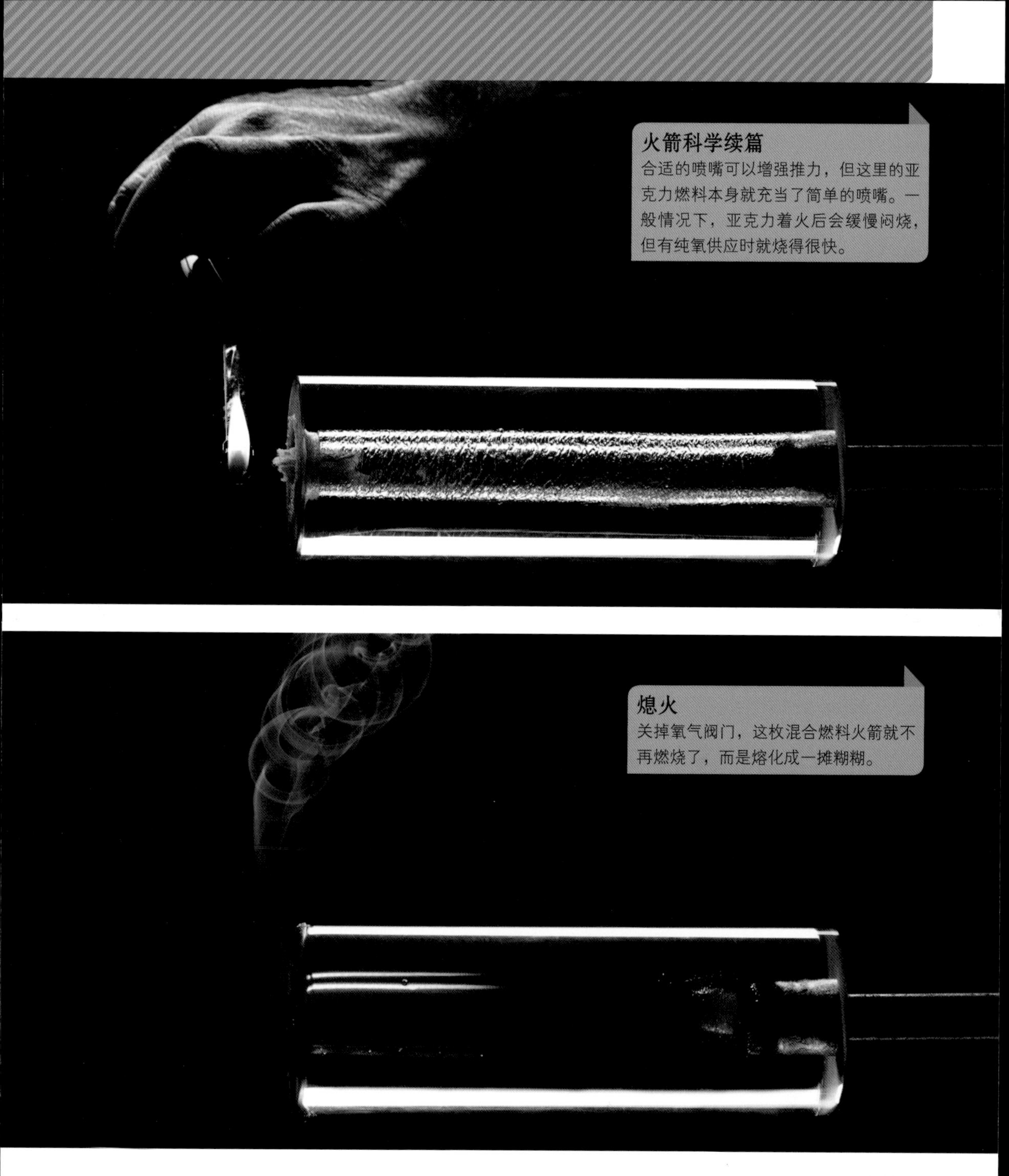

火箭科学续篇

合适的喷嘴可以增强推力，但这里的亚克力燃料本身就充当了简单的喷嘴。一般情况下，亚克力着火后会缓慢闷烧，但有纯氧供应时就烧得很快。

熄火

关掉氧气阀门，这枚混合燃料火箭就不再燃烧了，而是熔化成一摊糊糊。

第6章

实用的火

停火

筛子实验

在一个厨房中用的细网眼筛子中放一支蜡烛，就可以很好地模拟一盏戴维矿井安全灯，丙烷与空气形成的爆炸性混合物从外界吹入内部。如果网眼足够细，即使有爆炸性气体流过，火焰也会在隔离罩上止步。

只要一个细网眼筛子就能防止危险气体爆炸。

如何用金属网罩隔离火焰

如果你是19世纪初的煤矿工人，你用的灯就会是明火油灯——尽管矿井内有时充满了“沼气”。（*沼气是一种由空气和甲烷形成的不稳定混合物。*）爆炸是不可避免的，有时会把人从矿井里炸出来，就像用大炮打出霰弹一样。1815年，汉弗莱·戴维找到了一种应对方法：用防蚊纱网将灯焰罩起来，这使他成为了国民英雄。

戴维是世界上最早的专业科学家之一，他通过系统地研究气体燃烧的情形，解决了这个问题。起初他观察到气体火焰无法在细长的金属管里前进，因为金属会将火焰的热量带走，使气体的温度降到燃点以下。

他试图将管子做得更细、更短，最终发现细管的长度只需跟直径相仿就能防止火焰通过。理所当然，最后选择了细金属网，你可以把它看作呈网格状排列的成千上万根短管。

神奇的是（在亲眼看见之前我都不相信），你可以把爆炸性气体混合物通过细金属网吹向蜡烛火焰，但火焰遇到网眼就熄灭了——虽然气体正通过网眼，它在网眼内外一样有爆炸性。

戴维拒绝为他的发明申请专利，而更愿意享受矿工救星这个身份所带来的荣耀。戴维灯一直在应用，他的名字家喻户晓，直到人类发明电灯。现在戴维灯被人们忘记了，但戴维作为最早且最伟大的化学家之一的声誉仍在继续流传。

要做这个实验，关键是网眼周围不能有任何缝隙供火焰通过。注意右图中网罩底座上的一小堆砂子，那是用来密封底部的。我用了铝制的防蚊网，安装方式就跟图上的一样，不需要什么特别技巧就能让它发挥作用。

据我的经验，用丙烷实验的效果很不错，但乙炔不行，它太易燃了，火焰会轻而易举地通过网眼。就算是用丙烷，火焰有时也会穿透网罩，这意味着房间需要良好的通风条件，免得整个被炸飞。

戴维灯起初被当成一项伟大的发明，因为它可以在矿工遇到爆炸性气体时防止矿井里发生爆炸。后来人们开始认识到，矿主们把这当成了挡箭牌，不愿寻找更好的办法来确保矿井里没有爆炸性气体。不管有没有灯，如果存在爆炸性气体团，总归会有这样或那样点燃它的危险。

熄火

（下图）如果没有网罩的限制，可燃性气体会“热情洋溢”地使空气中充满火焰。（右图）只要用防蚊网和厨用过滤网就能把大自然的怒火关起来。

真实的危险警告

只要玩弄爆炸性气体和明火，必定会导致危险的火焰喷发。戴维灯并不能对付所有的可燃性气体混合物，也不是在任何时候都能发挥作用的。

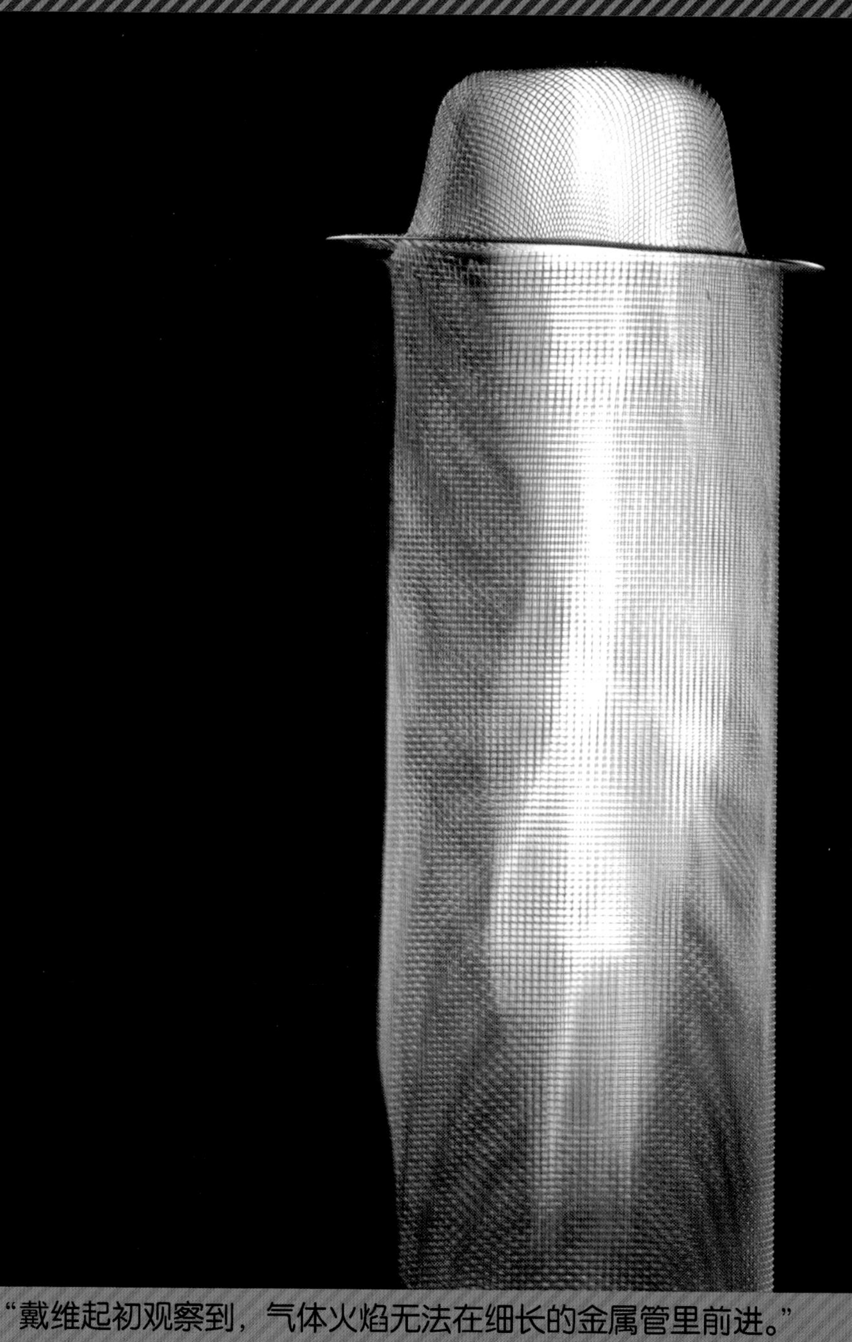

“戴维起初观察到，气体火焰无法在细长的金属管里前进。”

压力生热

怎样只用压缩空气生火？

你可能见过《幸存者》（*Survivor*）节目（译注：世界上多个电视台都举办过的一种野外生存节目，选手们在荒郊野外依赖少量工具维持生存，并互相竞争）中的选手们尝试通过摩擦木棍或用眼镜片聚焦太阳光来生火。但在前工业时代的生火方法中，生火筒的便携性很少有东西比得上，这种工具自史前时代以来就在东南亚使用了。

几乎所有气体压缩时都会变热。压缩得越厉害，速度越快，气体就变得越热，乃至热到足以点燃脱脂棉或其他可燃物。柴油发动机的工作原理就是这样：它们没有火花塞，而是在汽缸收缩的时候通过压缩燃油与空气的混合物来点燃它。

最让人吃惊的也许是同样的原理可以解释多种高爆炸药如何起作用。它们之所以被称为“高爆”，是因为爆炸反应通过超音速压力波扩散，速度比普通燃烧快得多，使它们的威力远大于火药之类的低爆炸药。当压力波使炸药内部的微气泡压缩并升温时，高爆炸药里的材料会依次点燃。如果制造出来的时候内部没有气泡，即使威力最大的高爆炸药也无法起爆。没有气体可供压缩，爆轰波就无法加热邻近区域。

例如，采矿常用的ANFO爆炸性混合物（铵油炸药）并不总是含有足够的气体，需要“敏化剂”来使它们能够可靠地爆炸。通常敏化剂只是一些包含中空的玻璃微球的浆体。

有些高爆炸药还能通过与微晶体互相摩擦的方式产生热量，但在大多数情况下炸与不炸的关键就是热空气。

“生火筒的便携性很难有东西比得上，

这种工具自史前时代以来就在东南亚使用了。”

活塞点火

丙烯酸塑料厚壁管加铝制活塞（45 美元，购自 survivalschool 网站）就组成了一个演示用的点火筒，表明仅靠压力就能点燃一团棉花。

如何用点火筒压缩空气生火

用各种材料都可以做出能用的点火筒，不过这次我决定买 一个商品化的，因为这个现成的东西就是我想要的。于是这个实验主要就是一个怎样掌握时机把火苗拍摄下来的问题，这需要 一点毅力和耐性。

美妙的火焰
一个制作精美的木套金属点火筒（65 美元，购自 wildersol 网站）可以用来点燃篝火或满足其他野外生存需求。

洞中之火

化学品可以把任何树桩变成仿制火药。

去除树桩有几种方法，没胆量的人打电话叫砍树服务公司，有胆量的人在树桩上套根链子勾在卡车的保险杠上，看看哪一头更强。还有人用炸药把树桩炸掉，不过在大多数地区都不建议这么做（除非你表哥是警长，看着你干这个）。但我偏爱的方法是将树桩本身变成火药，然后烧掉。这就是化学除桩剂的秘密。

你可能觉得用火把树桩烧完就行了，但由于树桩的一部分在地下，没有氧气来源，无法使火焰保持不灭。就算给木头浸透煤油，树桩的地下部分也烧不起来。另一方面，火药即使在封闭空间里也能燃烧，因为它以硝酸钾（KNO_3，更广为人知的名字是硝石）的形式自带氧。把硝石放进树桩中，它就能提供氧把木头烧掉。

大多数品牌的化学除桩剂只是硝石而已。操作说明上说，在树桩上钻洞，把粉末倒进去，让它浸水长达几个月。这会使硝石溶化，扩散到树桩内部各处；然后给树桩浸透煤油，点燃后就能让它在嗞嗞作响、跳动着的紫蓝色火焰中一直烧到树根。

改造后的树桩的化学成分与火药相似，其中的硝酸钾与有机碳结合起来，能产生热量和气体，这也解释了为什么会有那样不寻常的火焰。不过燃烧过程比较慢，需要好几分钟而不是几毫秒。

在任何园艺中心都能买到火药的关键成分，这一点可能很让人吃惊。但真正令人吃惊的是：另外两种成分也很容易买到。如果你想知道那是啥，请阅读我自己制造火药的冒险经历（见第 150 页）。

“我偏爱的去除树桩的方法是将它变成火药，然后烧掉。”

慢燃

用除桩剂处理过的木头燃烧时产生紫蓝色火焰，能烧到木头表面以下。

如何用化学品烧掉木头

这是一个非常简单的实验，你需要的只是一段木头、一个钻孔器和一些商品化的除桩剂（看清楚标签，确定其成分是硝酸钾）。在木头顶端钻个洞，往里面倒满硝酸钾，加点水让硝酸钾浸到木头里，等彻底干燥后点燃它。

让木头消失

除桩剂与煤油一起用可以很快把树桩去掉。速度不像用炸药那么快，不过比腐烂要快多了。

真实的危险警告

化学除桩剂通常由硝酸钾和一些稳定剂及杂质组成。一定要仔细阅读标签上的操作说明，严格按指示行事，因为不同品牌的产品多少有些差异。

洞中之火

硝酸钾除桩剂燃烧时产生的热量会让它自己熔化并产生气泡，溅到盛放它的洞外。

闪光弹

了解常用炸药的隐藏用途。

从爆破到动作片都爱用的C4炸药其实是最安全的炸药之一。炸药怎么会安全呢？如果它很难意外引爆，就说明它很安全。C4非常稳定，以至于你可以用火柴把它点燃（会燃烧，但不会爆炸）或者用枪射击它（会被打碎，但不会爆炸）。要爆炸，需要产生热量和冲击波的起爆装置。

这个谱系的另一个极端是只要摩擦或敲击一下就会爆炸的混合物。显然，要混合、储存乃至处理这些物质，使它们只在需要的时候爆炸是颇为棘手的，但它们的常见程度令人吃惊。

例如，如果火柴对摩擦不敏感，它们就没用了。火柴的原料是氯酸钾和红磷，这两种化学物质通过摩擦相互接触时就会起火。在火柴皮上划燃的火柴把磷单独放在摩擦面上，而随处可擦的火柴则把两种物质放在火柴头的不同区域。

弹药是另一个例子。黑火药不会因冲击而点燃，因此大多数弹壳都装有底火，通常是少量的三硝基间苯二酚铅，它受撞针撞击后会爆炸，引燃黑火药。

我发现含有接触炸药的最让人意外的东西是魔方闪光灯，它在20世纪70年代颇为流行。它不含任何电子元件，甚至没有电池，而是包含4个玻璃灯泡，里面塞满可燃锆丝。从封闭的灯泡上伸出一些细细的金属管，管中填满对震动敏感的烟火材料混合物。按下快门时，它释放出一根线，撞击点火管的一侧。燃烧后的底火点燃锆丝，就像点燃火药一样，产生超级明亮的闪光——并给“拍照”一词赋予全新的含义。

装满发射药的子弹

“我发现含有接触炸药的最让人意外的东西是魔方闪光灯，它在20世纪70年代颇为流行。”

冲撞研究
子弹的弹头和炸药已经取出，因此它受到下方冲头的撞击（通过在安全距离处拉动绳子触发）时，只有底火被点燃。（内嵌小图）装满发射药的9毫米子弹剖面图。

接触
玩具枪的爆响（左图）与子弹内部点燃火药并发射的爆炸很相似。20 世纪 70 年代的魔方闪光灯（右图）中有一根金属管，装有对震动敏感的起爆药，引线撞击金属管时，闪光灯就被点燃了。

如何制造闪光弹效果

拍这么一张照片在技术上很有挑战性，最让人吃惊的是，你在前一页看到的那张照片是第一次尝试时拍到的。我们后来再也拍不到好照片了。

我先从一颗普通的 9 毫米中心发火手枪子弹的弹壳中取下弹头：把子弹夹在台钳上，用老虎钳夹住弹头扭动并往外拉，把它取下来。我把火药倒在纸上保存起来，然后用细齿钢锯非常仔细地把弹壳锯掉一块，锯到装有遇震动就爆炸的底火的地方。为了拍到子弹的剖面照片，我在锯掉的地方贴上透明胶带，把火药倒回去，上面装上弹头。

为了拍摄弹壳起爆的场景，我用 3 只铰接的台钳做了一个精巧的组合装置。一只台钳夹着一只大力钳，后者夹着经过切割的弹壳（无火药，无弹头，只有底火）。另一只台钳夹着一块扁平的黄铜，作为弹簧片。第三只台钳夹着另一只大力钳，后者夹着一只对着弹壳的底部的中心冲。黄铜弹簧片抵着中心冲的底部，把弹簧片往后扳，再让它弹回，它就会撞击中心冲，就像用手枪的击锤击打撞针那样。弹簧片用一根棍子撑开，棍子上系着一根长绳，因此，我可以在远处拉动绳子来触发这个装置。我们的相机上连着声音触发器，因此得以在第一次尝试中就恰好拍下了照片。

虽然弹壳不带火药和弹头，但我不知道底火的威力到底有多大，所以第一次触发时我十分紧张。结论是即使弹壳在大力钳上夹得很紧，底火的力量也能轻而易举地把它弹出去。做这个演示实验时，要保护好眼睛。

内部运作

揭掉盖子后，你可以看到这部相机能够完全不依靠电子元件触发闪光灯，只使用机械部件和化学材料就可以。

玩火

自燃比你想的要简单，如果你知道方法的话。

有关自燃的真相多半已经被忘记了，主要是因为人体自燃是阴谋论者的偏爱。关于人体突然着火的报道时常会省略一点关键细节，例如一支点燃的香烟。跟很多虚假的科学概念一样，人体自燃的可能性太有意思了，以至于有些人就是愿意相信。

非人体自燃也是一样。在YouTube网站上流传的一个视频中，一团棉花球用几管强力快干胶浸过之后自己起火了。太酷了！当然得试试，我用能找到的各种强力胶和棉花球试了一遍又一遍，从来没成功过。

强力胶与棉花混合时的确会发热，这是毫无疑问的。纤维的巨大表面积使强力胶极其迅速地凝固，以热的形式释放出能量。生产商警告说，强力胶滴到衣服上可能造成灼伤，我自己就遭遇过。发热的纤维粘在皮肤上，试着把它扯下来时只会把手指也粘住。

但灼伤皮肤与真的冒出火焰有很大区别。就我所知，那个视频中的棉花球并没有自己起火，仔细观察这段视频，可以发现它在火焰冒起之前的一刹那被剪辑过。

科学的美妙之处在于，任何假冒的现象都有一个更加非凡的真实版。例如，有一种自燃现象不那么广为人知，但它是真实的，而且很容易再现，那就是灌肠剂自燃（真的，没骗你）。

为了演示这一现象，我把一些高锰酸钾磨成细粉，在其上面挖一个坑，然后把甘油灌肠器的内容物挤在坑里。高锰酸钾是一种强氧化剂，会与甘油里的碳氢键发生反应。几秒钟后，混合物就会剧烈地燃烧起来。这个方法每次都成功——毫无疑问，这里面没有秘密。

“科学的美妙之处在于，任何假冒的现象都有一个更加非凡的真实版。”

着火的锅

炽烈的紫色火焰和烟雾以及依稀可辨的杏仁气味，从一堆被甘油灌肠剂激活的高锰酸钾中迸发出来。

如何制造自燃现象

高锰酸钾和甘油灌肠剂混合是最酷的点火手段，每次都会成功，产生的火焰十分炽热。为什么用甘油灌肠剂而不直接用一瓶甘油？因为这更滑稽嘛。而且实际上，要一次挤出剂量合适的甘油，用甘油灌肠器真的非常方便。

我的手边总是常备一罐高锰酸钾和几盒灌肠剂，因为向客人们做这个快速而又可靠的演示实验真是太好玩了。

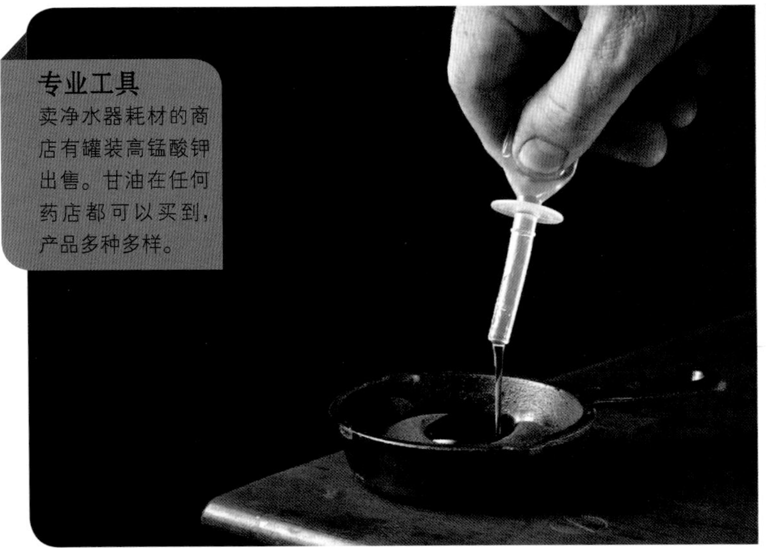

专业工具

卖净水器耗材的商店有罐装高锰酸钾出售。甘油在任何药店都可以买到，产品多种多样。

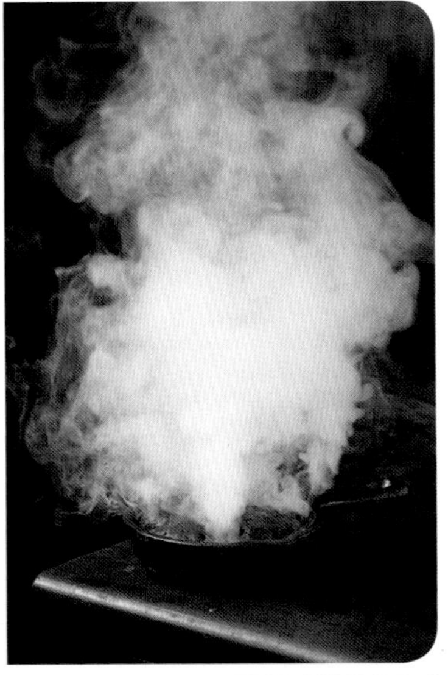

真实的危险警告

强力胶沾到衣服上可能造成灼伤。高锰酸钾和甘油极度易燃。

火上浇油
灌肠剂燃烧时产生的火焰和烟雾特别引人注目。

第7章

不实用的火

不那么甜蜜的惊喜

糖看起来毫无危险，但粉末状的糖能发生致命的爆炸。

糖在它惹出麻烦之前一直代表着甜美和光明。2008 年这种甜味剂在美国佐治亚州导致 14 人死亡——不是通过糖尿病或心脏病，而是通过一场剧烈爆炸。疏于管理、执行不力、缺乏对潜在危险的应对措施引发了帝国糖业公司的这次事故，它是当代最严重的工业事故之一（译注：帝国糖业公司是美国最大的糖精炼厂之一，此次事故于 2008 年 2 月 7 日发生在位于美国佐治亚州温特沃斯港的帝国糖业公司厂房，起因是工作区域积聚的高浓度糖尘遇热源发生爆炸，8 人当场死亡，6 人被送到医院后因救治无效死亡，数十人受伤）。

任何可燃物质都可以通过增加表面积（从而扩大与氧气的接触）来燃烧得更旺、更快。精细粉尘的表面积很大，面粉和糖这类物质以大块形式存在时基本上烧不起来，但呈粉尘状态时会爆炸，足以将工厂夷为平地。

为了展示点心店的糖有多么可怕的力量，我将一股糖粉吹到烛火上，随即迸出一股约 0.6 米长的火焰。如果糖粉点燃之前散布在封闭空间里，它会在几分之一秒的时间内燃烧殆尽。由于压力无处释放，会发生剧烈的爆炸。

很少有人真的明白这种危险。幸运的是，政界对有效的安全管理重新产生了兴趣，促使一些新措施和教育行动出台，这应该有助于让饱受粉尘困扰的工人更安全。

但是这仍然有可改进的地方。几年前的一天，我看着邻居把他的豆子放到我闲置的粮仓里。当时空气中充满了粉尘，而他在抽烟斗。那天我们没有死掉，但看着他嘴边叼着冒火星的烟斗是我这辈子最可怕的经历之一。

方案

作者使用了一支蜡烛、一个塑料瓶和点心店的细糖粉。普通砂糖不起作用，但是一个火鸡滴油管可以用来替代那个塑料瓶。

“任何可燃物质都可以通过增加表面积（从而扩大与氧气的接触）来燃烧得更旺、更快。”

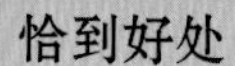

恰到好处

吹糖粉的位置太低时会把蜡烛吹灭，太高时糖又不会着火。但只要一次做对了，整间屋子内就会充满了热、光和糖烧焦的美妙气味。

真实的危险警告

绝对不要在封闭容器中点燃可燃性粉尘，它真的会爆炸。在开放空间里点燃时，产生的火球会烧焦或点燃周围任何可燃的东西。

当年的一场爆炸

在其他小孩玩官兵捉强盗游戏的时候，我就造出了自己的火药。

从记事开始，我就非常喜欢火药。印象最深刻的儿时记忆之一是把百科全书的G卷拿下来（*译注：火药的英文为gunpowder，在按首字母排列的百科全书中，该词条收录于G卷*），第一次看到这种神奇物质的配方时。硝石、硫黄和木炭，以准确的百分比列出！对一个此前只能靠收集火柴头来弄可燃物的小孩来说，这真的太让人兴奋了。但上哪儿去弄这些材料？我决定去找药剂师，告诉其中一人我妈妈让我弄点硝石做罐头用，跟另一人说她让我要点硫黄，但我不明白为什么（因为我编不出更好的理由了）。

那时候我不知道的是，所有这些火药原料都可以轻易找到，它们在任何园艺中心或五金店中都摆在一起卖，不会有人盘问什么。木炭用来烧烤，硫黄装在写着大大的“硫黄”字样的袋子里（善良的老太太们用它预防玫瑰花生病）。但我那时没发现的最大秘密是，绝大多数品牌的除桩剂就是纯硝石。

要做出真正会爆炸的火药，必须把这些原料放入球磨机或石轧机中一起磨上几小时，在这个过程中粉末很可能提前爆炸。（严肃地说，不要在家里这样做，除非你有合适的遥控球磨机。）我没这么做，而是一直用研钵和杵把它们分开来研磨，然后再把它们小心地混在一起，此后就不再研磨了。这样做出的火药能够旺盛而缓慢地燃烧，用来做烟火锥再合适不过了。

我从没因此受过伤。用自制的火药做实验，只要有常识就可以毫发无损。我用来做实验的东西可不都是这样的。有时想到那么多次我都运气好到没把自己的脑袋炸飞，实在让人害怕。

“我不知道的是，所有这些火药原料都可以轻易找到，它们在任何园艺中心或五金店中都摆在一起卖，不会有人盘问什么。”

自寻危险

我的自制烟火锥向空中喷出约0.6 米高的火焰。我童年时的最高纪录大约是 1.5 米。

如何自制烟火锥

用我在这里讲的方法可以做出不会爆炸或只会发生轻微爆炸的粗糙火药。用石头或陶瓷研钵和研杵研磨原料，再将它们混合，这样做出的东西烧起来比真正的火药慢得多，因为颗粒比较大，混合得也不那么均匀。我用几层纸卷成约 13 厘米高的锥体，在里面装满火药，再用很多强力胶带把它整个缠起来，烟火锥就做成了。

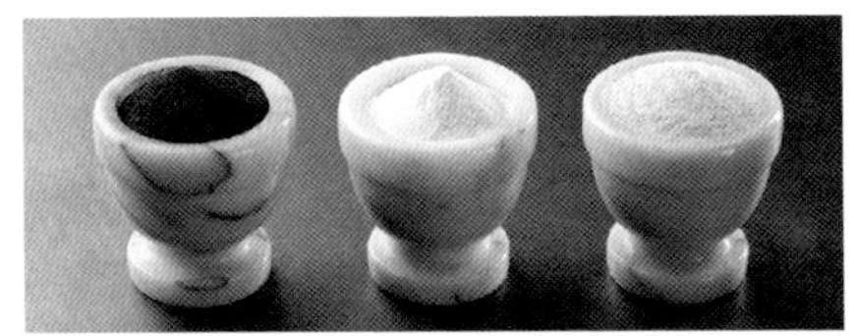

爆炸背后

火药原料从左到右分别是木炭、硝石和硫黄，它们可爱的颜色丰富多样。

真实的危险警告

制造和点燃包括火药在内的任何烟火混合物本质上都是非常危险的，在有些地方是违法行为。无害的实验也可能被政府机构严肃对待，特别是由儿童进行的实验，因此任何时候都必须有成年人陪同并负完全责任。

瞄准，开火

开放空间中的火药堆燃烧得很快，但不会爆炸，因为火药不是高爆炸药（甚至连专业生产的真火药也是如此）。

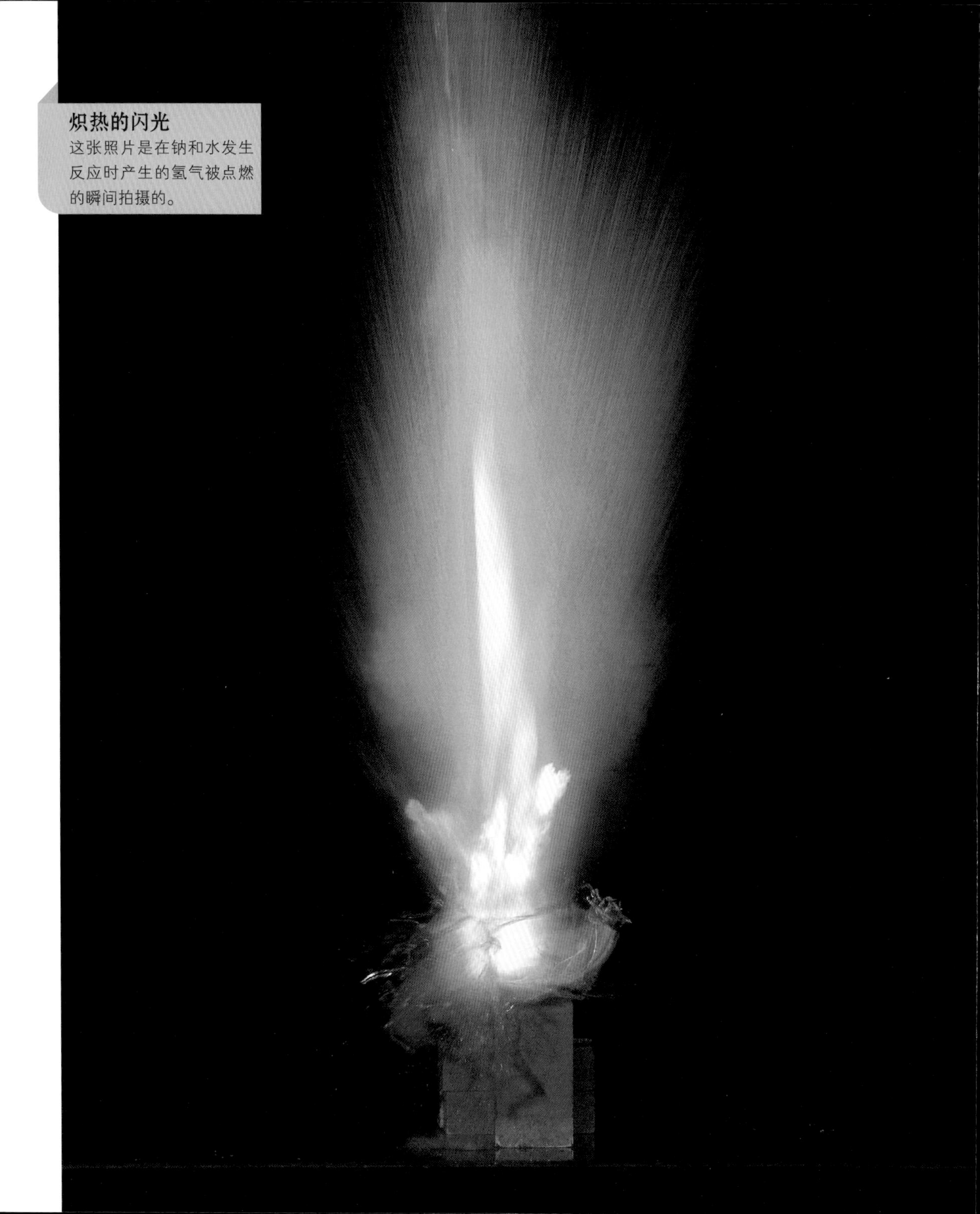

炽热的闪光
这张照片是在钠和水发生反应时产生的氢气被点燃的瞬间拍摄的。

大爆炸理论

碱金属与水会发生剧烈的化学反应，但哪一种碱金属引发的爆炸最剧烈？

沿元素周期表最左边的一列往下，常见的碱金属（锂、钠、钾、铷、铯）接触水的时候都会产生有可能爆炸的氢气。它们与水发生反应的强度按上述顺序稳步增加。（接触水的时候）锂只是嗞嗞作响，铯则会立刻发生猛烈的爆炸。你可能觉得这意味着铯引起的爆炸最猛烈，但其实不是这样的。

实际上，英国科普电视节目*Brianiac*几年前就做过碱金属爆炸的演示。制作人员发现，铯不会产生强力爆炸，他们用炸药修补了结果。（作为一个科普节目，这么干实在太差劲了——有好几年我都因为没法重复他们的实验结果而觉得很难过。）

爆炸的强度取决于金属的温度能多么快地升高到点燃反应时产生的氢气。锂通常达不到点燃氢气的临界温度——499 摄氏度，所以不会发生爆炸。钾、铷和铯反应得太快，以至于会立刻点燃氢气，燃烧速度非常快，但爆炸规模小。

最合适的是钠：它能产生大量氢气并积聚在水面上，几秒钟后气体被点燃，产生雷鸣般的爆炸，使熔化的钠珠飞向四面八方。如果你正等着这个，那就好极了；但如果没防备，你就会永久失明。

俗话说得好，在理论上，理论和实践并无区别，但实践中是有区别的。这就是为什么钠（最便宜、毒性最低的碱金属）是扔进湖里最好玩的东西。

“所有的碱金属接触水的时候都会产生可能爆炸的氢气。”

如何用钠制造爆炸

用钠制造爆炸是过去很多年里我喜欢的一种消遣。拍摄这些照片的技巧在于尽量控制好过程，同时为实在无法再控制的程度做好准备。

我首先搭建一个小装置，把一只金属杯（大概烈酒杯那么大）装在铰链上，用棍子使它保持直立，再用一块木头固定棍子。用一根长线把木块抽走，棍子掉下来，杯子翻转，使钠掉到下面的一盆冷水里（参见右边的装置图）。冷水的效果比热水好，热水会使反应发生得太快，结果是产生的爆炸令人意外地不那么剧烈。

把钠放进水里，起初它会在水面上嗞嗞作响，产生氢气。在完全无法准确预测的几秒钟之后，氢气发生了剧烈爆炸。实在没有办法知道要过多久才会发生爆炸，而爆炸只会持续几毫秒。这让抓拍爆炸的闪光颇为棘手：普通相机的快门还没来得及完全打开，爆炸就结束了，就算你在爆炸开始时立刻按下快门也是一样。

我的解决办法是在夜里拍摄，把光触发器（它能感应到爆炸的闪光）设置成触发后关闭快门而不是打开快门。关掉所有的灯之后，我打开相机快门，拉动长线，让钠掉到水里。几秒钟后发生爆炸，几毫秒后光触发器触发闪光灯，正好在爆炸使碗和烟运动起来之后合适的时间让人们可以看到它们。再过几毫秒后快门关闭，完成拍照。

炸飞

钾（右图）掉进水里后会立刻起火，把熔化的金属溅出几米远，而铯（左图）产生的爆炸要强烈一些。不过这些金属的反应都不像钠那么强烈。

真实的危险警告

处理碱金属属于高级化学——它们特别危险，产生的液态金属火球会危及皮肤和眼睛，可能使人失明。

统统炸飞

这张照片是在氢气和空气的混合物被点燃之后的几毫秒内拍摄的。燃烧的速度非常快，因此图中已经看不到火焰，只有燃烧的产物——水和炽热的钠珠四处飞溅。

火线

勇敢的志愿者们抓着一把冒火的泡泡。

我最近参加了一个日本电视节目的拍摄，这是我在节目里做的演示实验之一。方案很简单：找几个小有名气的日本人，让他们排队站好，每人都把手伸出来托着一把气泡，然后用火点燃气泡。

在美国伊利诺伊州（译注：作者居住的地方）重复这个实验时，有简单的地方，也有困难的地方。着火的气泡？这很简单，我们在肥皂水中加入丁烷和氢气的混合物，后者能与空气中的氧气发生反应，产生非常好的视觉效果。氢气越多，烧得越快，氢气占 1/4 的比例时效果最好。

困难之处在于难以找到愿意在手上点火的小有名气的日本人，最终我只好请自家软件公司的员工，加上我儿子的朋友们。

你可能要问，为什么有人愿意做这个演示实验呢？噢，关于那个电视节目有一点我还没有说到。当时偷偷给了队尾那个可怜的家伙一些纯氢气和氧气的特别混合物，当火烧到他的手上时会“轰”地一声爆炸起来。这样引发的错愕效果对日本电视界的古怪人士来说再好不过了，他们恶作剧的程度比我们这边的律师所允许的要过分得多。当他们明白过来自己被一个疯狂的美国人耍了的时候，脸上的表情可滑稽了。

但爆炸的气泡实际上很危险。如果混合物的成分或数量不对，使人受伤的危险性比泡泡温和燃烧的时候高得多。所以，为这本书做实验时，我们去掉了那一部分。幸好，我得以看到儿子做这个实验时也跟我一样，想看看能在手上点燃多少泡泡而不被烧伤，这一点足以补偿爆炸效果。

“困难之处在于难以找到愿意在手上点火的小有名气的日本人。”

给我火焰

由于在美国伊利诺伊州中部找不到小有名气的日本人，我就找来了这批疯狂且乐意参与的志愿者。

如何在手上点燃气泡

使用氢气和丁烷的混合物，而不是纯氢气，这个主意是跟我一起做那个节目的日本科学教育家米村传治郎提出的。我还从传治郎那里学到一个很棒的技巧，可以配出比例精确的混合物，那就是使用细长的塑料袋（我使用了用于包装张贴画的塑料袋，因为我卖元素周期表张贴画，所以刚好有一大堆这种玩意）。取一根约 1.8 米长的管子，在距离一端 1/4 的地方做记号，然后把打火机气罐中的丁烷灌到有记号的地方，把管子剩下的部分压平（就像把牙膏管捏平以便把所有的牙膏都挤到一头那样）。这就得到了数量正好的丁烷，然后只要在管中充上氢气，就简单地配好了最终的混合物。

为了用这种气体混合物吹出漂亮的肥皂泡，我用了一块给水族箱充气的气泡石，将它用软管与充满气体的塑料袋相连，然后浸到一缸肥皂水里（在洗涤灵里加一点点甘油就可以吹出很好的泡泡）。像挤牙膏一样把气体从塑料袋中挤出来之后，我得动作非常快地在泡泡破掉之前把它们放到人们的手上。

在这个演示实验中不让任何人被烧伤的关键在于确保所有的泡泡都在手的上方，这样热量和火苗都会上升，远离皮肤。如果哪只手下面有泡泡，火苗上升时就会烧到手，把汗毛烧焦。当然，这不可避免，总会有一点沾在手的下方，但幸运的是火苗持续的时间很短，不足以带来什么实质性危险。

真实的危险警告

禁止模仿！这是火，而且在手上烧，很容易把自己烧伤或把其他东西点着。

1. 我打算在塑料袋中充满氢气和丁烷的混合物，先用打火机气罐充入丁烷。

2. 充入丁烷之后，再用高压气罐往塑料袋内充入氩气。

3. 挤压塑料袋，使里面的气体通过一块水族箱气泡石，制造出气泡。

火鸟

油炸火鸡是感恩节美食，也可能是一场致命的火灾。

水与油不相容，这是一句老话，但如果是一大锅炙热的食用油和一只冻火鸡表面凝结的水分，就完全不是这样了。这种简单的组合产生的火焰相当惊人。

食用油可燃，但在锅中不会着火，因为达不到着火所需要的温度（大约427摄氏度）。就算你把燃烧着的火柴丢到锅中，火焰上的热量也会被带走，消散在油中，从而熄灭。

但微小的油滴就完全变成了“怪兽”。单个油滴升温非常快，一滴油燃烧产生的热量足以引燃旁边的另一滴，依此类推，导致油滴形成的油雾极易燃烧。油滴形成的油雾从哪来？从那只冷冻的大鸟那儿来。

炸锅的推荐油温是177摄氏度，远高于水的沸点。把食物放进去，立刻就会冒泡，那是食物中的水变成了蒸汽。把一只冻火鸡放进去，会导致过多的水分进入热油，水分蒸发的过程会将油滴抛向空中。一些油滴落到炸锅下面的炉灶上着火，引发链式反应，这样就点燃了油滴形成的大团油雾。结果就是集市上烤肉的味道以及一根炽热的火柱，它会引燃周围的一切。

所以，就算每年这个时候（译注：这篇文章发表于2011年美国感恩节之际）买一个便宜的炸锅的主意看起来很诱人，你也可以把怕被烧死作为不买的一个理由，另一个主要理由是动脉栓塞致死（译注：高脂肪、高胆固醇的油炸食物会增加动脉栓塞的危险性）。

“一些油滴落到炸锅下面的炉灶上着火，引发链式反应……”

错误示范

绝大多数人都会安全地炸火鸡，但我把一只未经恰当解冻的火鸡放到比推荐的温度高 100 摄氏度的 19 升大豆油中，弄出了一个大火球。

如何用冻火鸡制造火球

如下图所示，这个演示实验会产生一大团火，严格说来有约9米高，而且非常炙热。为了安全地做这个实验，我必须在大概8米之外把一只约7千克重的火鸡提起和放下。另外，为了让照片好看，我也不想让照片上能看得见棍子。我用了两根约3米长的管子，用钢缆将它们连在一起。然后将一根航空细钢缆绕在管子末端的滑轮上。它的一头有一个钩子，用来挂火鸡，远处的另一头有一个把手。我可以摇动把手，把火鸡提起来或放下去。

为了模仿一位极端不负责任的厨师，我故意犯了两个关键错误。第一，我把油加热到

远高于煎炸推荐的温度——接近260摄氏度。第二，我没有把火鸡解冻，有意使周围空气中的很多水分凝结在它的上面。这两点结合在一起，造成了剧烈的沸腾，喷溅出许多微小的油滴。

看过这些照片的人都认为这只火鸡肯定被炸得非常酥脆，但实际上它几乎原封未动：火球的确很大，但只持续了几秒，而且由于火鸡下锅的时候是冰冻的，它甚至还没有开始变熟。为了拍摄这些照片，我们用了3只火鸡，然后我的助手把火鸡拿回家做熟了吃。她用的是普通的烤箱。

火焰漏斗

大自然怎样用火龙卷烧灼天空?

每年我都要放火把自家后院烧一遍。这不是因为我对玩火有什么不良嗜好(虽然我确实有吧),而是因为后院是本地的一块草原,需要定期烧荒以维持生态系统健康运转。有时我能看到火旋风,也就是旋转的火柱,持续时间为几秒,能蹿到十来米高。不过这算不了什么,比我家后院大得多的草原能产生一种惊人得多的现象——火龙卷。

龙卷风就像上下颠倒的排水口。由于离心力与重力的相互作用,水流经过排水口时会发生旋转。热空气柱在较冷的空气中上升时,会形成类似的旋涡。如果上升的气柱中有火焰,就成为火旋风,在极端情况下会形成火龙卷——烈焰构成的庞然大物,能升到约 1600 米高,火焰旋转的速度超过 300 千米 / 时。

我只成功地拍到过一次火旋风,但愿这辈子都不要见到火龙卷。想来也见不着。迄今唯一有确凿记录的火龙卷出现在 2003 年,地点是澳大利亚堪培拉附近,于野火爆发后出现。它夷平了 500 多栋住宅,但科学家直到 2012 年重新分析灾害现场照片时才确认了它的身份。

我决定用 USB 风扇和丙烷气造一个自己的桌面火龙卷。我找了一个炸火鸡用的炉子,把几个风扇固定在它的环形支架上,然后把炉子的丙烷灶头放矮,让风扇能吹到。在真正的火龙卷里,旋涡的动力来源于上升气流,所以我这是作弊,不过火焰缩成 60 厘米高的旋风还是挺酷的。(在篝火周围放一堆箱式风扇,可以造出比这大得多的人工火龙卷。)

顺便说一句,所谓赤道以北的下水口的旋涡只会逆时针旋转只是个虚假的传说。火旋风和下水口的旋涡都太小了,地球自转对它们产生不了什么影响(这跟规模庞大的飓风不同)。不过,如果你被卷进火旋风或流水旋涡,这个事实就没有什么用处了。

我只成功地拍到过一次火旋风,但愿这辈子都不要见到火龙卷。

想来也见不着。

火焰扭曲

我们用风扇降低丙烷…焰周围空气的温度,产…了一个很小的火焰旋涡…

如何制造一个微型火龙卷

制造这个微型火龙卷的设备是一个炸火鸡所用的炉子和一堆 USB 风扇。炉子有全套灶头，正好还有一个金属环（本来的用途是支撑装火鸡的大锅），可以把风扇装在上面，十分方便。

有人用一锅热油和一圈家用风扇造出过原理类似但尺寸更大的火龙卷。尺寸扩大会大幅提升火龙卷能达到的高度，较大的火龙卷似乎也更为稳定。不过我喜欢自己的桌面火龙卷，因为它小巧可爱。

龙卷——哎呀！

我经过好多次失败的尝试，才找到合适的实验条件，让火焰扭曲形成明显的旋涡。风扇的角度必须恰到好处。

真实的危险警告

玩火必自焚，丙烷流进旋转的空气里是检验这条哲理的绝佳例证。切勿模仿！

AmeriGas
America's Grillin' with AmeriGas
PROPANE • PROPANO

火焰文丘里泵

制作一个无需活动部件的吹吸两用泵。

沿水平方向朝插在碳酸饮料里的吸管顶端吹气，饮料会沿着吸管冒上来。这似乎有点奇怪，不过文丘里泵（得名于它的发明者、意大利物理学家文丘里）正是利用了这种现象，只靠形状就能实现抽吸功能。

不管是什么液体或气体，只要形成高速高压喷流，就会产生吸力。分子急速掠过后，旁边的物质争先恐后地涌过来，填补它们留下的空位。让喷流通过狭窄的管道，就能把它变成不用活动部件的泵。

文丘里泵一般有三个孔：一个是喷流进口，另一个用来抽吸，剩下的一个是出口。它特别适合乡村地区的浅水井，无需用电就能从井底抽水，也不需要发动机和轴承。此外，用金属制造的文丘里泵能在水里工作几十年而不损坏。

文丘里泵还能把不同的物质混合在一起。气体喷流能抽吸液体，用压缩空气、泵和橡胶软管，就能把被水淹没的地下室清理干净。另一个例子是“梵丘瑞”牌醒酒器（**译注：品牌名“Vinturi”来自于文丘里“Venturi”**），它是一个形似漏斗的精巧装置，能在倒酒的过程中往酒里掺入空气（有些人觉得充气会让酒更加甘醇）。

我喜欢玩一个小把戏，把园艺用的文丘里泵变成火焰喷射器。方法是不往里面喷水，而是连上纯氧罐喷射氧气。气流会把调料粉末吸起来，产生明亮的火柱。由于精细粉末的可燃表面积特别大，基本上随便什么有机物粉末都能用来喷火，我用肉桂、蒜、黑胡椒、洋葱、小茴香、糖粉甚至面粉都成功过。我家厨房里唯一不尽如人意的材料是辣椒粉，只能产生一点小得可怜的火焰——那么火辣，却不过如此。

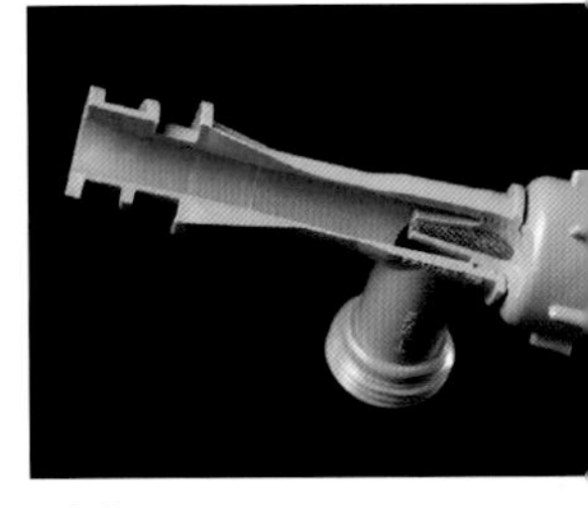

泵动

上图是一个塑料文丘里泵的剖面图，其设计功能是连上橡胶软管用来吸水。图中它的一端与割炬相连，尺寸碰巧合适。高速气流（水流也可以，这种泵原本就是通过喷水来运作的）从小孔中喷出，产生吸力，通过下方的水管接口把液体吸进来。

“把园艺文丘里泵变成火焰喷射器。”

点火

肉桂燃烧时产生的火焰。从这张图可以看出，有机物粉末在纯氧气流中多么容易烧起来。

如何用文丘里泵搞出大火球

要搞出大火球来，用粉末特别有效。我的设备是个便宜的塑料文丘里泵，它很容易买到。这种泵的正常用法是一头接上水管，借助水流的力量从另一头抽吸大量的水。它没有活动部件，只靠这种方式就能把整个水箱甚至灌满水的地下室抽干。

我的不正常用法是既不接水管也不吸水，而是连接气罐，用气流抽吸调料粉末。如果不考虑长达 2~3 米、连续喷射的火焰，这个实验看起来还是比较安全的，不会失控。不过我用它抽吸酒精的时候，泵还是着火了，开始熔化，这可就不好玩了。

真实的危险警告

把易燃粉末与纯氧混合非常危险，会发生爆炸。切勿尝试！

第8章

化学的威力

凭空发电

只要一点点氧气，锌空气电池就能变成发电厂。

靠空气发电的电池？哟，这简直跟用水当油的汽车一样棒！用水当油的汽车确实没有，但靠空气发电的电池实际上很常见，对老人来说尤其常见。微型锌空气电池广泛用于助听器，代替有毒的汞电池，提供微弱但稳定的电力来源。在同样体积的电池中，它们能提供的电力最多，因为它们直接从空气中获取了一部分电力。

所有的电池都通过两种化学反应来产生电力：一种在阳极（电池的负极一端）产生电子，另一种在阴极（电池的正极一端）吸收电子。这使得从阳极到阴极之间产生一股电子流，也就是电流（译注：电流的方向正好与电子流动的方向相反）。大多数电池都含有两种化学反应所需的全部化学物质。

但锌空气电池中只有阳极材料——金属锌，它转变成锌离子，然后变成氧化锌。这个过程使每个锌原子释放出两个电子，在阴极被氧吸收。

锌空气电池能用更小的体积储存比其他电池更多的电能，这与喷气式飞机飞得比火箭更久是同样的道理。火箭需要在真空中飞行，必须同时携带燃料和氧化剂。喷气式飞机则只需要携带燃料，因为它们能利用空气中的氧气。

缺点在于，喷气式飞机没法产生火箭那么大的推力，因为它们吸进空气的速度有限。锌空气电池也有同样的局限性，它们能产生很多电能，但只能相对缓慢地产生，像长跑运动员而不是短跑运动员——乌龟之于劲量的兔子。（译注：劲量是世界上最大的电池厂商之一，其品牌形象是一只粉色的小兔子。）

如何组装锌空气电池

做这个演示实验真的不需要多少技术，只不过是展示一下电池怎么驱动玩具。不过，把一块手表中用的锌空气电池拆开，可就费事极了。我拆了好几个，才把每个零件都弄到完好无损的一份。

A 带气孔的阴极外壳
B 特氟龙（译注：杜邦公司聚四氟乙烯产品的商品名）空气滤网
C 石墨及丝网空气阴极
D 绝缘过滤纸
E 锌粉阳极
F 阳极外壳
G 绝缘环

下一步

由于锌空气电池必须在空气中运作，内部的水最终会蒸发掉，这使其使用寿命受限。但未来的纽扣电池可能用不会挥发的离子液体作为电解质，有可能制造出容量是当今产品10倍的可充电锌空气电池。

“锌空气电池像长跑运动员，而不是短跑运动员。”

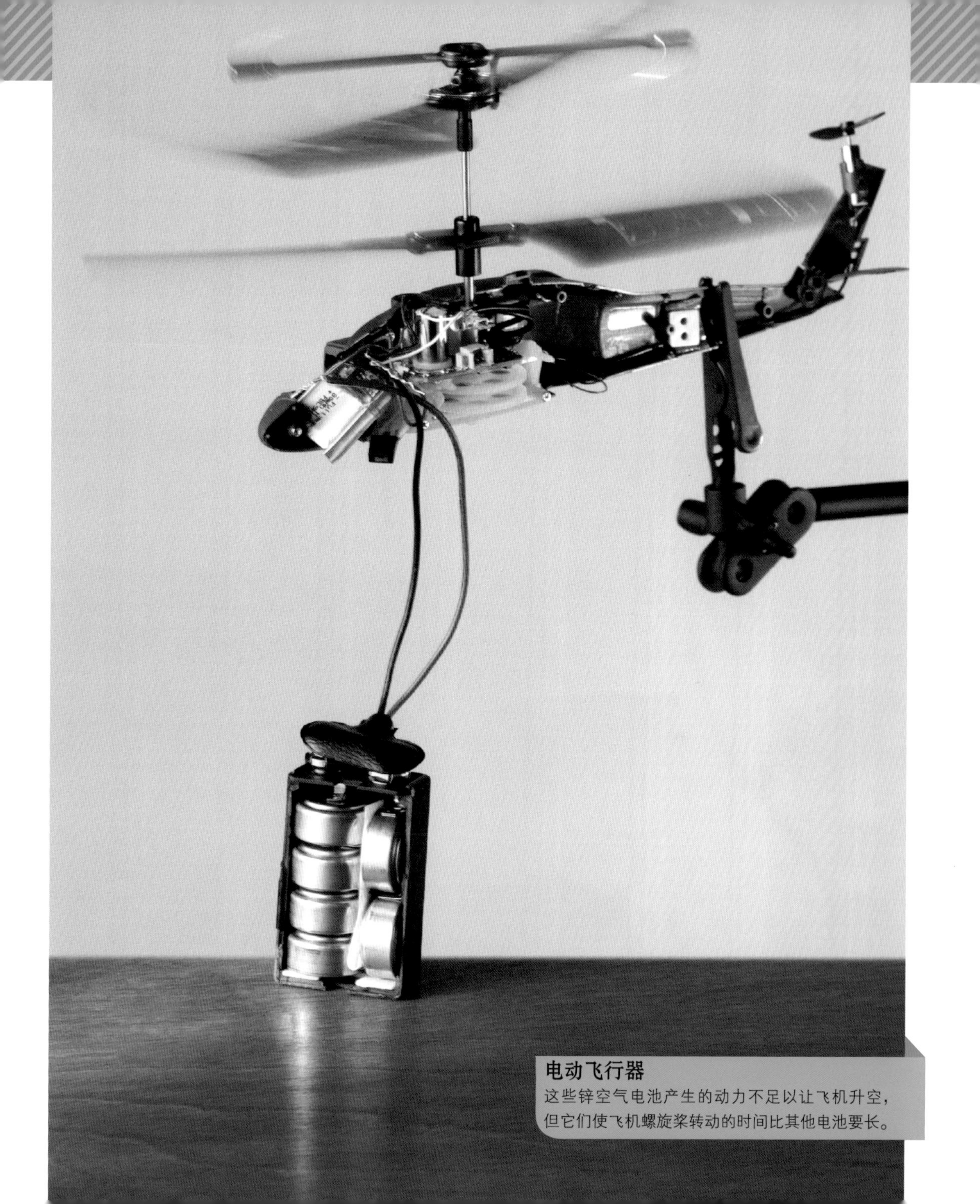

电动飞行器

这些锌空气电池产生的动力不足以让飞机升空，但它们使飞机螺旋桨转动的时间比其他电池要长。

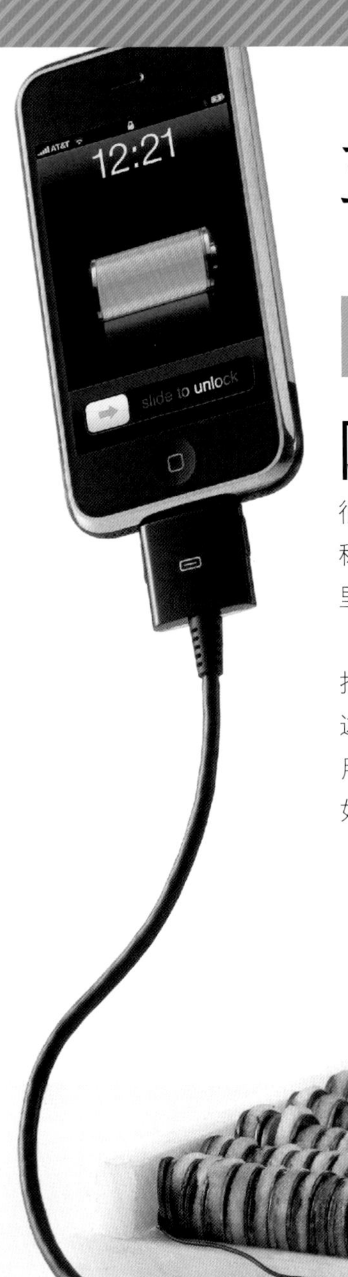

苹果汁

用一块水果和几枚硬币给你的小电器充电。

阿瑟·C.克拉克（译注：著名科幻作家）说过："任何足够先进的技术看起来都与魔法难以区分。"但他错了。两者很容易区分——技术确实能起作用。例如，"千里眼"通灵师声称他们能看到远处发生的事，但每次测试都会失败。实际上"千里眼"简单得很，它的名字叫电视机。

另一个最近在网上流行的例子是一段假视频，里面有个人把USB线的一头插在洋葱里给iPhone手机充电。为什么我知道这是假的？首先，你需要用两种不同的金属做成的接头；其次，用一棵蔬菜得不到足够高的电压。这个主意有趣的地方在于，如果方法对路，的确可以这样给iPhone手机充电。

一个正规的蔬菜电池是这样的：将用锌和铜做成的金属片插在土豆里，产生大概 0.5 伏电压。电力来自锌的氧化，蔬菜只是起到电解质（导电屏障）的作用，再加上铜，这个电路就完整了。把蔬菜、锌片和铜片交替堆叠起来，就像把电池串联起来一样，每一组都使总电压升高一点。

淌着眼泪剥了大概可以产生 10 伏电压的洋葱之后，我决定换成苹果。用水果去心器取出棒状的苹果肉，再用奶酪切片器将其切成圆片。把 1 美分硬币一面的铜镀层磨掉，很容易就能得到兼有铜锌的金属层（译注：1 美分硬币用铜锌合金铸造，早期版本的含铜量高，如 1962 年至 1981 年间铸造的 1 美分硬币含 95% 的铜和 5% 的锌，1983 年后变成 97.5% 的锌和 2.5% 的铜）。

把大约 150 组这样的东西组装成 6 个并联的电池，每个电池包含 25 组苹果 / 锌层 / 铜层，就可以给 iPhone 手机充电，不过只能坚持大约 1 秒钟（更大的锌板和整片的苹果可能产生更强、更持久的电力）。200 组这样的单元可以组成一个约 0.9 米长的苹果电池，能产生高得多的电压。我用这个电池制造了可见且可能置人于死地的电火花。没错，如果配置得当，你能用苹果把自己电死。

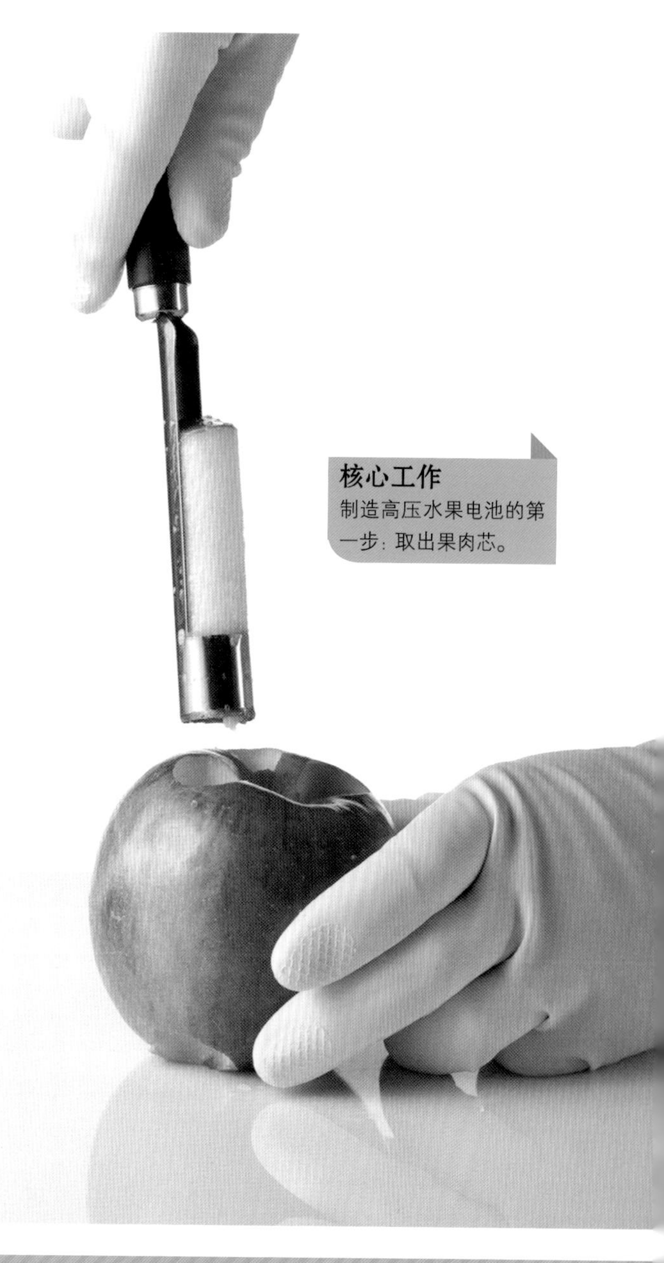

核心工作
制造高压水果电池的第一步：取出果肉芯。

快速充电
6 个并联的苹果 – 硬币电池，每个包含 25 个单元（苹果 / 锌层 / 铜层），只够给一部 iPhone 手机充电大约 1 秒钟。

“我用这个电池制造了可见且可能置人于死地的电火花。”

如何用苹果给手机充电

这是我做过的最费劲的演示实验之一，原因是要准备 200 枚一面打磨过的 1 美分硬币。1982 年之后的硬币是锌镀铜的，磨掉其中一面的铜镀层之后，与 1982 年之前的通体铜硬币混合，就能得到制造电池所需的两种金属。

我把一截很短的铁制水管（内径正好与 1 美分硬币的直径差不多）与一个小型垂直带式打磨机的打磨带垂直放置，在铁管和打磨机之间留出比 1 美分硬币的厚度小一点点的空隙。然后把一堆硬币放进铁管，用活塞把硬币压到打磨机上。每枚硬币都被磨薄到可以挤进那个空隙后，传送带就把这枚硬币推出去，使下一枚硬币移动就位。这个自动硬币打磨器出乎意料地有效，几秒钟就能磨好一枚硬币。

起先我用的是洋葱，因为我发现可以用水果去芯器（基本上就是一根管壁非常薄的金属管，一头有锋利的边缘，可以把果肉挖出来）来挖取洋葱肉，然后挖出来的洋葱肉就自动变成独立的洋葱片。不巧的是，洋葱的效果不太好，我觉得这是因为每层洋葱的一面都有薄膜，导电性不好。于是我改用苹果，这样就得自己把果肉切成一片一片的。

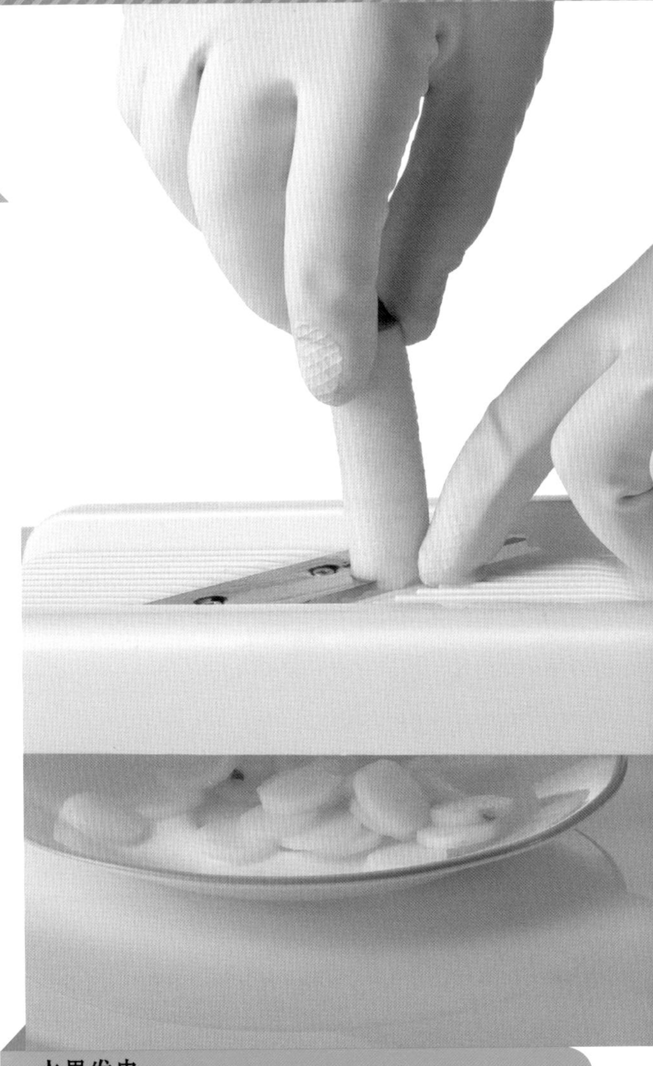

水果发电
挖取果肉之后切片，得到 1 美分大小的苹果片。大约 200 个苹果片与同样数量的 1 美分硬币组合起来产生的电压足以给电容器充电并打出火花。

真实的危险警告

如果方法不当，本实验可能损毁你的iPhone手机。

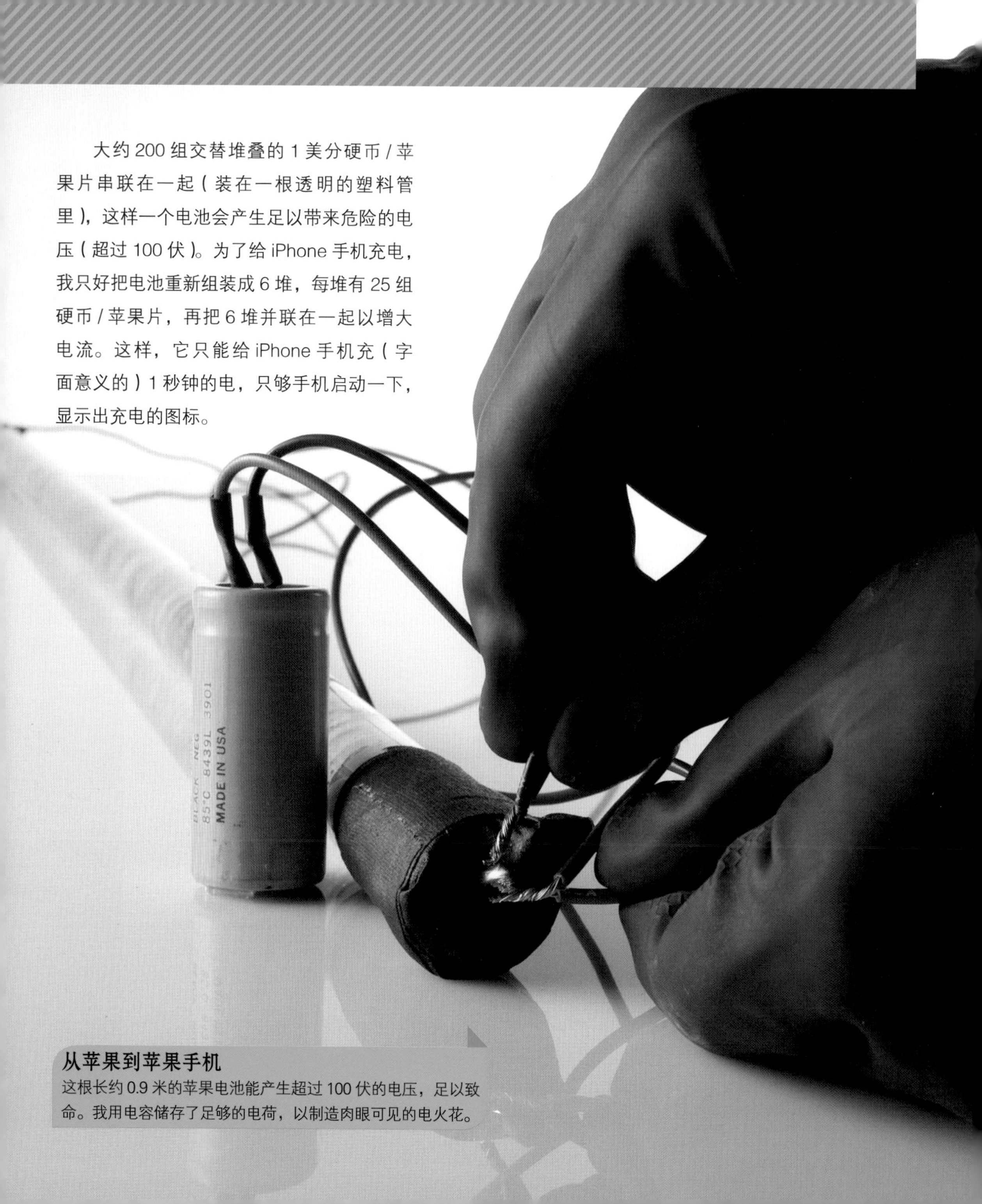

大约 200 组交替堆叠的 1 美分硬币 / 苹果片串联在一起（装在一根透明的塑料管里），这样一个电池会产生足以带来危险的电压（超过 100 伏）。为了给 iPhone 手机充电，我只好把电池重新组装成 6 堆，每堆有 25 组硬币 / 苹果片，再把 6 堆并联在一起以增大电流。这样，它只能给 iPhone 手机充（字面意义的）1 秒钟的电，只够手机启动一下，显示出充电的图标。

从苹果到苹果手机

这根长约 0.9 米的苹果电池能产生超过 100 伏的电压，足以致命。我用电容储存了足够的电荷，以制造肉眼可见的电火花。

另一种白热

你知道咸肉很美味，但你知道它所含的能量足以熔化金属吗？

我最近决心要实现这样一个目标：在周末结束之前，完全用咸肉做一个东西，用它把不锈钢盘子切成两半。我起初的尝试都失败了，但在用 7 根牛肉棒和 1 根黄瓜把盘子点燃、熔化之后，我知道离成功只有咫尺之遥了。

不，我不是开玩笑。我做的这个东西是一种热喷枪。热喷枪通常是用铁而不是咸肉做的，用于切割金属，从倒塌的建筑物中救人。它的原理是把纯氧吹进一根装着铁和镁棒的管子中，这些金属在纯氧中极易燃烧，燃烧时释放出大量的热，从而在管口喷出高热的铁等离子流。在毁灭性方面，很少有工具比得上热喷枪。不过铁并不是唯一能在纯氧流里燃烧的金属。

咸肉会让人吃胖，原因是其中的蛋白质和脂肪含有大量的化学能，尤其是脂肪。要把这些能量释放出来，你可以把它消化掉，也可以用纯氧来烧掉它。难点不在于产生热量，而在于把咸肉做成某种结构，使它能扛得住咸肉等离子火焰超过 2760 摄氏度的高温。

我使用了意大利帕尔马火腿（prosciutto，意大利语，意为“昂贵的咸肉”），因为它是一种工程学等级非常高的肉类。我把这种咸肉片卷成细管，用烤炉低温烘烤一个晚上，完全烤干其中的水分。然后把 7 个这样的肉片卷绑在一起，在外面包上肉片后再烘烤一遍，直到肉片变得又硬又干。

“咸肉中的蛋白质和脂肪含有大量的化学能，尤其是脂肪。”

油脂火焰

纯氧从金属管中喷出，流经一根烤干的帕尔马火腿芯，产生一股油脂火焰，热得足以点燃钢铁，在这个盘子上烧出一个清晰可见的洞。不那么易燃的生帕尔马火腿片包在外面，使火焰集中形成一支炽烈的咸肉等离子喷枪。

为了做一个气密性好、不易燃的外壳，我把这个燃料芯卷在生的帕尔马火腿片里，然后将其一端安装在氧气喷嘴上。你无法想象，最初看到铁燃烧的迹象时，我的心里有多大的成就感。金属上冒出火星，然后另一面喷出火焰。我见证的可能是世界上第一个用咸肉切割钢铁的实验。这个喷枪持续燃烧了约 1 分钟。

事实证明还有简单得多的方法。例如，在研究怎样做蔬菜喷枪时，我碰巧找到了做喷管的完美材料——中间掏空的黄瓜。普通黄瓜承受内部压力的能力十分惊人，光滑的表面则使它很容易做成密封管，将氧气输送给（燃烧）装置。一根装满牛肉棒的黄瓜能燃烧约 2 分钟，装满面包棍的全素食版喷枪也能产生耀眼的火焰，但燃烧时间没那么长。

这个实验告诉我们，食物是很了不起的能量来源。纯氧帮助它们在比平常短得多的时间内把能量释放出来，但让钢盘子燃烧起来的实际上是咸肉中的化学能。至于是不是值得做一支咸肉热喷枪来验证这一点，就看你自己的判断了。

如何用咸肉制作热喷枪

这肯定是我做过的演示实验里最有趣也最没意义的一个。它绝对有效：你可以用咸肉（严格说来是帕尔马火腿）和氧气来切割钢铁。迄今我已经做了四五次，从来没失败过。

关键在于造出一个供氧气流通的结构，它既要密封良好，又要能使帕尔马火腿暴露很大的表面积与流过的氧气接触。我决定做一捆细管来达到这个效果。

生的帕尔马火腿片很柔软，但烤过之后又硬又结实。我在几根直径约为 0.6 厘米的钢棒上涂上油，分别用帕尔马火腿片包上，用 120 摄氏度左右的温度烤 2~3 小时，再把肉从钢棒上取下来，就得到了坚硬的肉管。我把 7 个这样的管子放在一起（1 根在中间，6 根在周围），用更多的帕尔马火腿片把它们包起来。再烤一次之后，整个物体就变得很坚硬，而且感觉很牢固。

但烤过的帕尔马火腿片的密封性不好，到处都出现了裂缝。于是我把整个东西再用新鲜的帕尔马火腿片卷起来，目标是只用帕尔马火腿片一种材料来做这个装置。

装置做好之后，下一步就是把它与氧气来源连接，我的方法是用橡胶管套和强力胶带。橡胶管套在五金店中随处可见，它是一截短橡胶管，两头有软管夹，被设计成用于套在管子上，提供柔性连接或修补漏洞。

我很了解纯氧的威力，因此，第一次点燃咸肉热喷枪时很紧张，不过它看上去十分稳定、可控。它燃烧了 1 分钟，也许不到 1 分钟，然后火焰从边缘烧了出来，或者烧到了橡胶接头，后者理所当然地也烧起来了，但在这段时间内就能产生足够的热量来点燃并切割钢铁。

肉棍
我将帕尔马火腿片卷在玻璃纤维棒上烤干，然后把 7 根肉管绑在一起形成咸肉燃料芯。

真实的危险警告

西奥多·格雷受过实验室安全和可燃肉类处理方面的专门训练。严禁在家自行模仿！

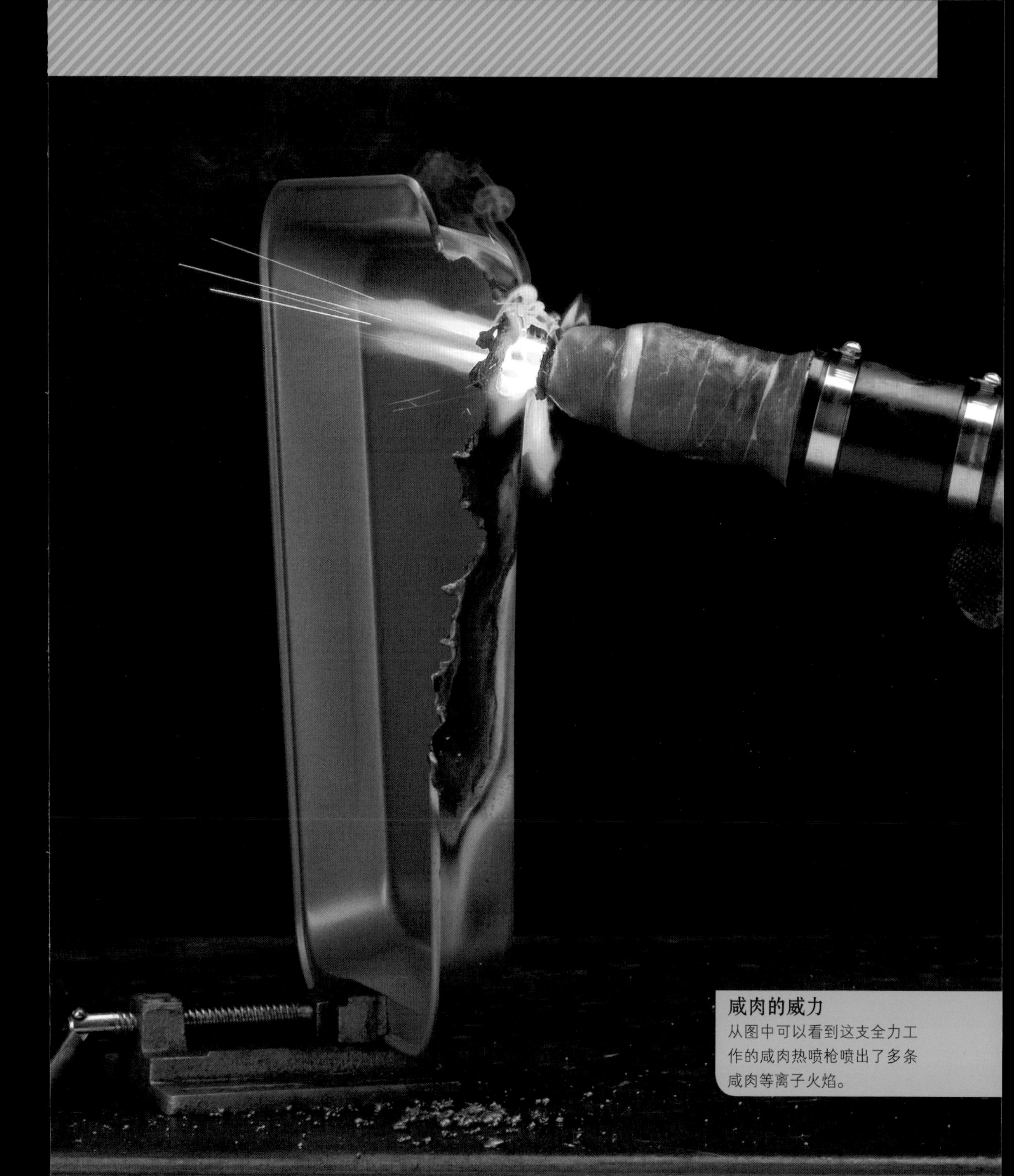

咸肉的威力

从图中可以看到这支全力工作的咸肉热喷枪喷出了多条咸肉等离子火焰。

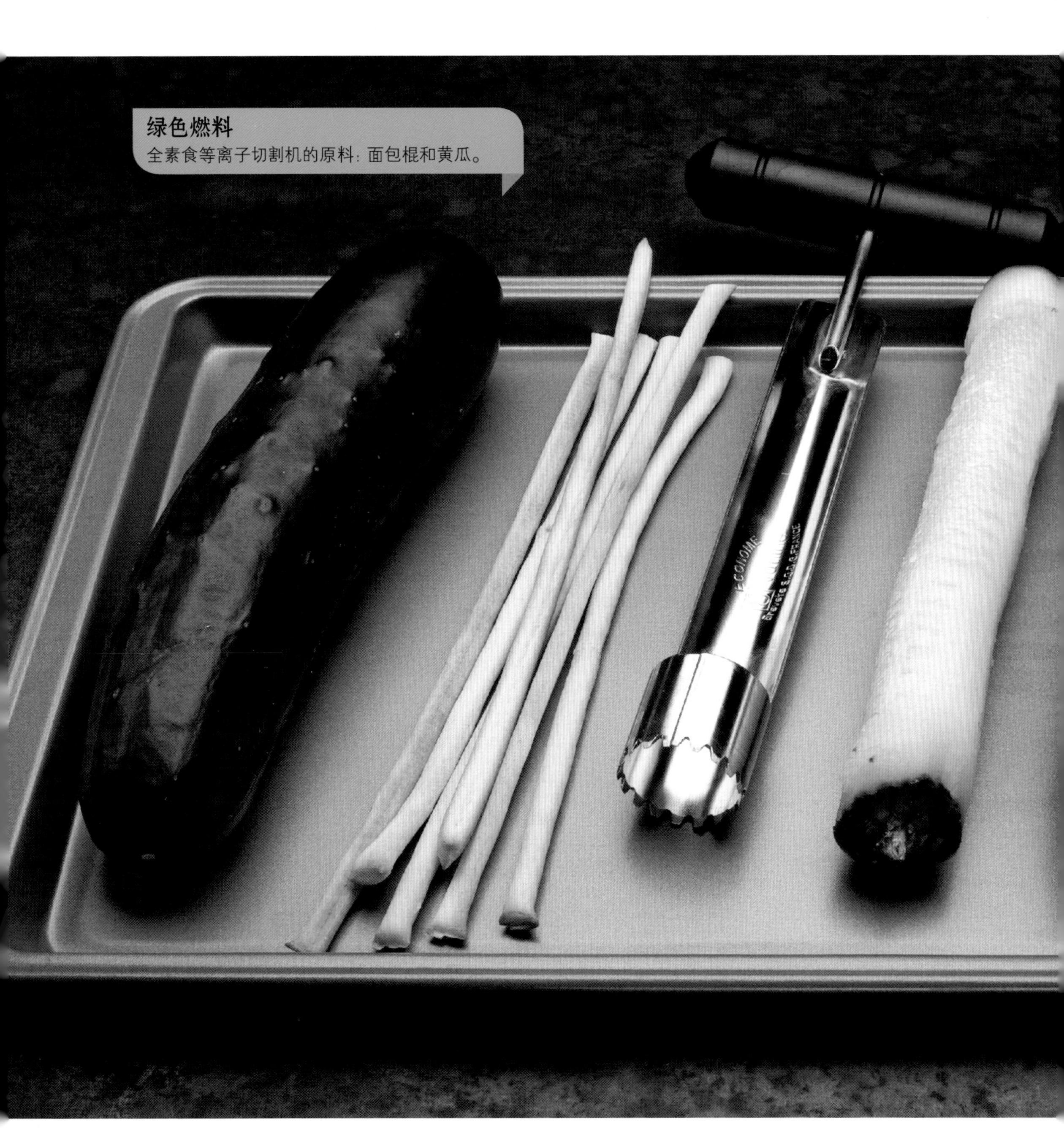

绿色燃料

全素食等离子切割机的原料：面包棍和黄瓜。

绿灯

黄瓜是一种更好的可食用热喷枪，因为它的外皮能承受高温火焰产生的压力而不会燃烧起来。

制动力

同一个技巧可以用来从混合动力汽车中回收能量，还能帮你在僵尸围城时幸存下来。

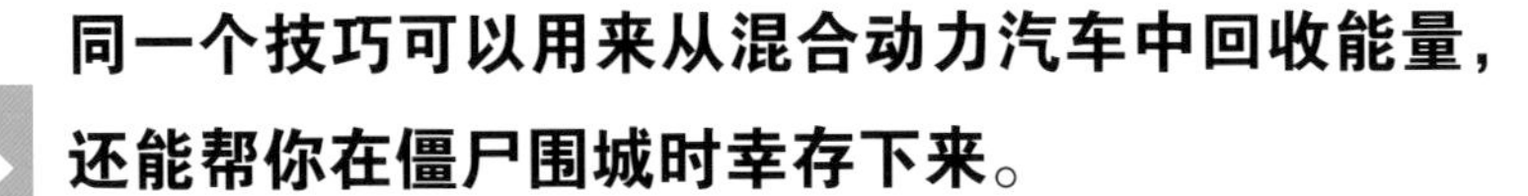

当你踩在汽车油门上时，你正在利用汽油分子里储存的化学能，并将它转化成行驶中的汽车的动能。这并非世上最有效率的过程，但汽油中能量的很大一部分转化成了有用的运动。当你刹车时，你在把能量扔掉——动能以刹车片和刹车盘温度升高的形式浪费了。

电动汽车可以回收这种能量，它利用了电动机的一个绝妙特点：它们也能当发电机用。

当电动汽车加速时，电池使电子流过电动机里的线圈，产生磁场，推动电动机中的永磁铁，对电动机的轴产生推力，使车轮转动。

刹车时，这个过程是反过来的，迫使磁力线穿过导线时会产生电流。切断转动中的电动机的电力供应时，线圈仍在通过永磁铁的磁场，因此线圈中立刻产生电流，可以用来给电池充电。从电动机中汲取能量会对电动机的轴产生阻力，从而对车轮进行制动。

最适合演示这种现象的装置是一个带手摇曲柄的 12 伏汽车用绞车。取掉绞车缆绳后，你可以转动曲柄使电动机旋转，很容易就能积累足够的能量来驱动一个 120 伏交流逆变器。把绞车连在一辆健身自行车上，可以做成一个很棒的应急发电机，它在僵尸围城时很有用哦。

“把绞车连在一辆健身自行车上，可以做成一个很棒的应急发电机，它在僵尸围城时很有用哦。”

随手发电
反过来摇汽车用绞车可以产生足够的电力，点亮这个等离子球。

如何制造手摇发电装置

我想通过展示电动机可以反过来当发电机用，从而演示一下回馈制动原理。问题在于哪种电动机能通过手摇达到很高的转速。我发现汽车用绞车有一些非常合适的特点：它是一个强劲的电动机，通过齿轮减速让绞盘缓慢转动。齿轮系也能双向运动，因此，如果高速转动的电动机能缓慢带动绞盘转动，那么缓慢转动绞盘就能让电动机高速转动。

事实表明，我那个绞车的传动比太高了，凭我的力气转不动绞盘。不过让人高兴的是，很容易把齿轮系去掉一级以降低传动比直到合适的水平。这时用力转动曲柄能让电动机以合适的速度转动，得到用逆变器产生 120 伏电压所需的 12 伏电压。

如果遇到僵尸围城，需要给我的 iPhone 手机充电，我想这是最实用的方法。任何老式电动机都可以用，如果把它连在健身自行车之类的东西上（从而可以用脚踩），你就能产生出相当实用的电能。如果你的体格不够好的话，以 100 瓦功率持续发电 1 小时不太现实。（不过，为了让你对我们多么懒散有个概念，我要告诉你的是，从电力公司买相当于你 1 小时努力锻炼产生的能量只需花 1 美分）。

为实验供电
一个桥式全波整流器和一个电容，可将绞车电动机产生的交流电转化成 12 伏直流电，点亮这个等离子球（它通常是用 12 伏电压驱动的）。

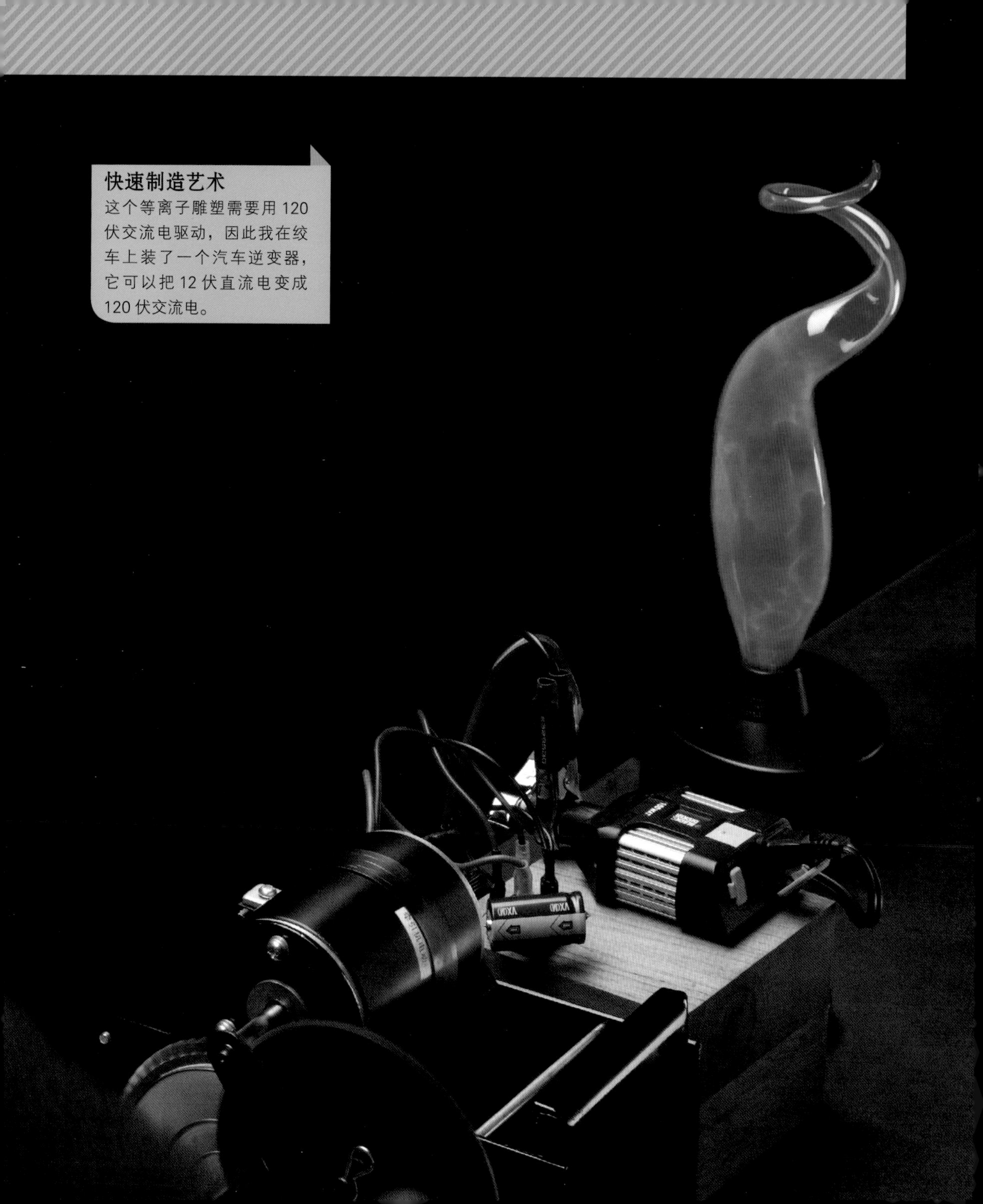

快速制造艺术

这个等离子雕塑需要用 120 伏交流电驱动，因此我在绞车上装了一个汽车逆变器，它可以把 12 伏直流电变成 120 伏交流电。

美国《大众科学》杂志专栏文章精彩集萃

科学极客历时 10 年倾心打造

呈现那些难得一见的科学实验

探索奇妙现象背后的科学奥秘

全新改版，非同一般的阅读体验

《疯狂科学（第二版）》

《疯狂科学 2（第二版）》

【西奥多·格雷著作所获奖项】

※ 2011 国际化学年“读书知化学”重点推荐图书

※ 新闻出版总署 2011 年度“大众喜爱的 50 种图书”

※ 第十一届引进版科技类获奖图书

※ 中国书刊发行业协会“2011 年度全行业优秀畅销品种”

※ 第二届中国科普作家协会优秀科普作品奖

※ 第七届文津图书奖提名奖

※ 2012 年新闻出版总署向全国青少年推荐的百种优秀图书

※ 2013 年新闻出版总署向全国青少年推荐的百种优秀图书

※ 2015 年国家新闻出版广电总局向全国青少年推荐的百种优秀图书

※ 2011 年全国优秀科普作品

※ 2013 年全国优秀科普作品

※ 第六届吴大猷科学普及著作奖翻译类佳作奖

※ 第八届吴大猷科学普及著作奖翻译类佳作奖